非标准的建筑拆解书

方案推演篇

广西师范大学出版社

· 桂林 ·

赵劲松　林雅楠　著

图书在版编目(CIP)数据

非标准的建筑拆解书. 方案推演篇 / 赵劲松，林雅楠著. — 桂林：
广西师范大学出版社，2020.8（2021.3 重印）
ISBN 978-7-5598-2254-3

Ⅰ. ①非… Ⅱ. ①赵… ②林… Ⅲ. ①建筑设计 Ⅳ. ①TU2

中国版本图书馆 CIP 数据核字 (2019) 第 225344 号

策划编辑：高　巍
责任编辑：季　慧
助理编辑：马竹音
装帧设计：六　元

广西师范大学出版社出版发行

广西桂林市五里店路 9 号　　　邮政编码：541004

网址：http://www.bbtpress.com

出版人：黄轩庄

全国新华书店经销

销售热线：021-65200318　　021-31260822-898

上海利丰雅高印刷有限公司印刷

（上海市庆达路 106 号　　邮政编码：201200）

开本：889mm×1 194mm　　　1/16

印张：24.75　　　　　　字数：360 千字

2020 年 8 月第 1 版　　　2021 年 3 月第 3 次印刷

定价：188.00 元

如发现印装质量问题，影响阅读，请与出版社发行部门联系调换。

序

用简单的方法学习建筑

本书是将我们的微信公众号"非标准建筑工作室"中《拆房部队》栏目的部分内容重新编辑、整理的成果。我们在创办《拆房部队》栏目的时候就有一个愿望，希望能让学习建筑设计变得更简单。为什么会有这个想法呢？因为我自认为建筑学本不是一门深奥的学问，然而又亲眼见到许多人学习建筑设计多年却不得其门而入。究其原因，很重要的一条是他们将建筑学想得过于复杂，感觉建筑学包罗万象，既有错综复杂的理论，又有神秘莫测的手法，在学习时不知该从何入手。

要解决这个问题，首先要将这件看似复杂的事情简单化。这个简单化的方法可以归纳为学习建筑的四项基本原则：信简单理论，持简单原则，用简单方法，简单的事用心做。

一、信简单理论

学习建筑不必过分在意复杂的理论,只需要懂一些显而易见的常理。其实,有关建筑设计的学习方法在小学课本里就可以找到: 一篇是《纪昌学射》,文章讲了如何提高眼力,这在建筑学习中就是提高审美能力和辨析能力。古语有云:"观千剑而后识器。"要提高这两种能力只有多看、多练一条路。另一篇是《鲁班学艺》，告诉我们如何提高手上的功夫，并详细讲解了学建筑最有效的训练方法，就是将房子的模型拆三遍，再装三遍，然后把模型烧掉再造一遍。这两篇文章完全可以当作学习建筑设计的方法论。读懂了这两篇文章，并真的照着做了，建筑学入门一定没有问题。

建筑设计是一门功夫型学科,学习建筑与学习烹饪、木工、武功、语言类似,功夫型学科的共同特点就是要用不同的方式去做同一件事,通过不断重复练习来增强功力、提高境界。想练出好功夫其实很简单，关键是练，而不是想。

二、持简单原则

通俗地讲，持简单原则就是学建筑要多"背单词"，少"学语法"。学不会建筑设计与学不会英语的原因有相似之处，许多人学习英语花费了十几二十年的时间，结果还是既不能说，也不能写，原因之一就是他们从学习英语的第一天起就被灌输了语法思维。

从语法思维开始学习语言至少有两个害处：一是重法不重练，以为掌握了方法就可以事半功倍，以一当十；二是从一开始就养成害怕犯错的习惯，因为从一入手就已经被灌输了所谓"正确"的观念，从此便失去了试错的勇气，所以在做到语法正确之前是不敢开口的。

学习建筑设计的学生也存在着类似的问题：一是学生总想听老师讲设计方法，而不愿意花时间反复地进行大量的高强度训练，以为熟读了建筑设计原理自然就能推导出优秀的方案。他们宁可花费大量时间去纠结"语法"，也不愿意花笨功夫去积累"单词"。二是不敢决断，无论是构思还是形式，学生永远都在期待老师的认可，而不敢相信自己的判断。因为在他们心里总是相信有一个正确的答案存在，所以在没有被认定正确之前是万万不敢轻举妄动的。

"从语法入手"和"从单词入手"是两种完全不同的学习心态。从"语法"入手的总体心态是"膜拜"，在仰望中战战兢兢地去靠近所谓的"正确"。而从"单词"入手则是"探索"，在不断试错中总结经验、摸索前行。对于学习语言和设计类学科而言，多背单词远比精通语法更重要，语法只有在单词量足够的前提下才能更好地发挥矫正错误的作用。

三、用简单方法

学习设计最简单的方法就是多做设计。怎样才能做更多的设计，做更好的设计呢？最简单的方法就是把分析案例变成做设计本身，就是要用设计思维而不是赏析思维看案例。

什么是设计思维？设计思维就是在看案例的时候把自己想象成设计者，而不是欣赏者或评论者。两者有什么区别？设计思维是从无到有的思维，如同演员一秒入戏，回到起点，身临其境地体会设计师当时面对的困境和采取的创造性措施。只有针对真实问题的答案才有意义。而赏析思维则是对已经形成的结果进行评判，常常是把设计结果当作建筑师天才的创作。脱离了问题去看答案，就失去了对应用条件的理解，也就失去了自己灵活运用的可能。

在分析案例的学习中，扮演大师重做，这是进阶的法门，因为在实际工程项目中，你没有机会担当如此角色，遇到如此要求。

四、简单的事用心做

功夫型学科有一个共同特点，就是想要修行很简单，修成正果却很难。为什么呢？因为许多人在简单的训练中缺失了"用心"二字。

什么是用心？以劈柴为例，王维说："劈柴担水，无非妙道，行住坐卧，皆在道场。"就是说，人可以在日常生活中悟得佛道，没有必要非去寺院里体验青灯黄卷、暮鼓晨钟。劈劈柴就可以悟道，这看起来好像给想要参禅悟道的人找到了一条容易的途径，再也不必苦行苦修，但其实这个"容易"是个假象。如果不加"用心"二字，每天只是用力气重复地去劈，无论劈多少柴也是悟不了道的，只能成为一个熟练的樵夫。但如果加一个心法，比如，要求自己在劈柴时做到想劈哪条木纹就劈哪条木纹，想劈掉几毫米就劈掉几毫米，那么，结果可能就会有所不同。这时，劈柴的重点已经不是劈柴本身了，而是通过劈柴去体会获得精准掌控力的方法。通过大量这样的练习，你即使不能得道，也会成为绝顶高手。这就是有心与无心的差别。可见，悟道和劈柴并没有直接关系，只有用心劈柴，才可能悟道。劈柴是假，修心是真。一切方法不过都是"借假修真"。

学建筑很简单，真正学会却很难。不是难在方法，而是难在坚持和练习。所以，学习建筑想要真正见效，需要持之以恒地认真听、认真看、认真练。认真听，就是要相信简单的道理，并真切地体会；认真看，就是不轻易放过，看过的案例就要真看懂，看不懂就拆开看；认真练，就是懂了的道理就要用，并在反馈中不断修正。

2017年，我们创办了《拆房部队》栏目，用以实践我设想的这套简化的建筑设计学习方法。经过两年多的努力，我们已经拆解、推演了一百多个具有鲜明设计创新点的建筑作品，参与案例拆解的同学，无论是对建筑的认知能力还是设计能力都得到了很大提高。这些拆解的案例在公众号推出后得到了大家广泛的关注，许多人留言希望我们能将这些内容集结成书。经过半年多的准备工作，重新编辑整理出来的内容终于要和大家见面了！

在新书即将出版之际，感谢天津大学建筑学院的历届领导和各位老师多年来对我们工作室的大力支持，感谢工作室小伙伴们的积极参与和持久投入，感谢广西师范大学出版社马竹音女士及其同人对此书的编辑，感谢关注"非标准建筑工作室"公众号的广大粉丝长久以来的陪伴和支持，感谢所有鼓励和帮助过我们的朋友！

天津大学建筑学院非标准建筑工作室　赵劲松

目　录

让 学 建 筑 更 简 单

如果没想法，就别硬"凹造型"了

爱默生学院洛杉矶中心——Morphosis 建筑事务所

位置：美国·洛杉矶
标签：连接，复合
分类：教育建筑
面积：11 148m²

图片来源：
图1、图6、图9、图11、图12 来源于 https://www.archdaily.com，图2 来源于网络，
其余分析图为非标准建筑工作室自绘。

建筑圈有个特别不好的习惯：无论方案是殚精竭虑磨出来的，还是一拍脑袋想出来的，甚至是截止日期到了随便应付出来的，只要做出来了，随之而来的就是一大堆故弄虚玄、故作深奥、故意"拽"词的设计理念——日月星辰之精华、中外哲学之大成、人间悲欢之百味仿佛都能在这个建筑中得到体现。

我在搜集案例资料的时候，就经常怀疑自己的语文水平——满屏的汉字都认识，怎么就看不懂是什么意思呢？

可能建筑大师们真的是思想深刻，认识深远，但是让我等普通建筑师产生了某种误会：仿佛不想出来点儿什么深刻的理念，整个设计就无从下手。造型没道理、功能没说法，可这就是个教学楼，我是真的没有什么想法啊！

的确，有的建筑师就像特级大厨，煎炒烹炸煮炖焖、腌卤酱拌生烤蒸，十八般武艺样样精通，就算给块豆腐，也能做成国宴上的艺术品，但大多数人的厨艺水平仅限于能把饭做熟了，甚至没把厨房炸了就已经很不错了。当然，这并不代表咱们老百姓鼓捣出来的东西就不好吃。就像毫无技术含量的平民美食——汉堡包，不也火遍全球、人见人爱吗？

所以，如果没有想法，那就不要打肿脸充胖子了，把喜欢的东西堆在一起做个"汉堡"也会是一个好设计。今天，我就教你怎么做"汉堡"。

这个"汉堡"作品就是由 Morphosis 建筑事务所设计的爱默生学院洛杉矶中心（图 1 ）。爱默生学院是一所致力于传媒研究和实践的私立大学，在美国传媒界及国际高等传媒教育领域有着重要地位，其中一处分校位于美国洛杉矶好莱坞的中心。好莱坞的新教学楼包括了教室、办公室、礼堂、放映室、音频和视频实验室、表演和排演工作室等多种功能设施，可以说，这座建筑是体现了大学校园多样性的城市"网站"。

可是，怎么看它和"汉堡"也扯不上半毛钱关系啊！别急，咱们把它拆解开来看。

图 1

图2

第一步：先将"面包"切开（图2、图3）

先将原本十层楼的建筑切分成两部分，再将二者拉开一定的距离，为创造一个丰富多彩的中心空间留出位置（图4）。

去掉建筑的一层，用一个完整的底盘将两部分连接，该底盘为停车库，这样就创造了一个相对独立于城市空间的平台。被切分开的高层则为学生宿舍。

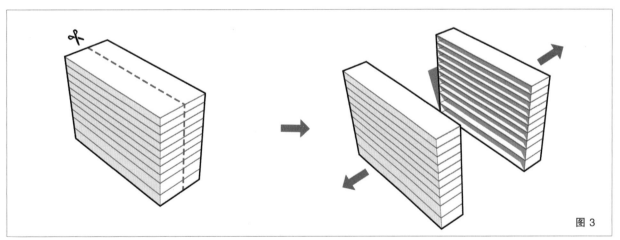

图3

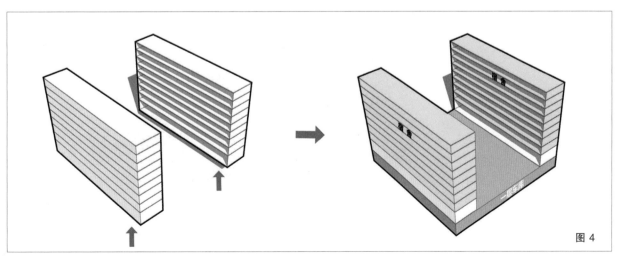

图4

第二步：添加其他"食材"

切开面包的目的就是为了在中间夹各种好吃的，肉饼、蔬菜、调味酱一样都不能少，种类丰富，营养均衡，还耐饿。而作为一所培养影视人才的高等学院，"切开"建筑的目的，就是为了在宿舍区增加多种使用功能区——教室、礼堂、排练室、办公室、放映室等，这样才能为单调的宿舍生活增添一份活力（图5）。这就好像一个营养丰富的汉堡，宿舍犹如两片面包，满足人们对建筑的刚性需求，而其他使用功能就好像夹在面包里的各类食材，既丰富，又好吃。

以上这两步似乎并不难理解，而接下来的操作才是制作美味汉堡的关键，那就是我们如何安排和组织这些丰富的"食材"。

第三步：搭配"食材"

我想小伙伴们都想知道，中间这堆复杂的东西到底是怎么弄出来的（图6）。这就回到了建筑设计方法论中一个古老的话题：是先搞一个复杂的造型，再增添功能，还是先排好功能，再重新整理造型呢？

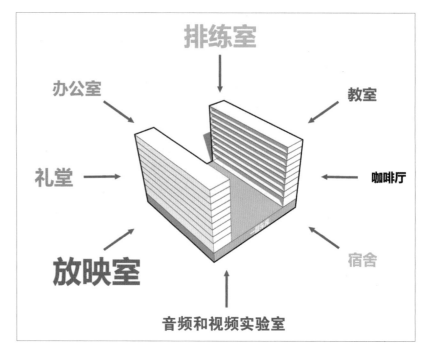

图 5

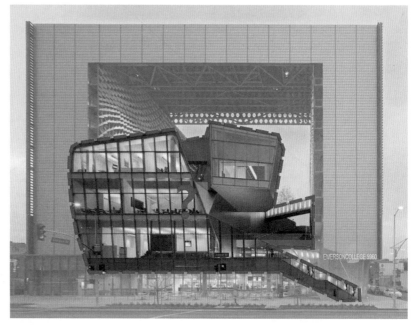

图 6

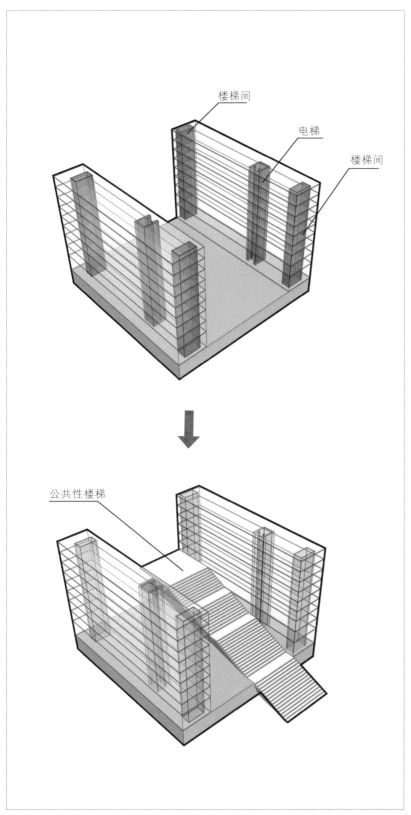

图 7

我们的答案是，无论你选择哪一个，都不准确。因为这个问题的答案并不是存在于外界，而是隐藏于我们每一位设计者的内心。换句话说就是，找到适合自己的设计逻辑。如果你的造型能力很强，那就选择第一条路；如果你是一个功能至上者，那就选择第二条路。而这个设计则是在努力找到这两条路之间的第三条路径——用一个空间原型（楼梯）来拆解复杂的设计。

不要眨眼，咱们拆开来看。

在两侧的板楼中，自然是有垂直交通核的，但仅能满足便利和疏散的要求而缺乏灵活性和公共性，因此，需要在两楼之间加一个公共性极强的大楼梯来为学生交流提供场所（图7）。

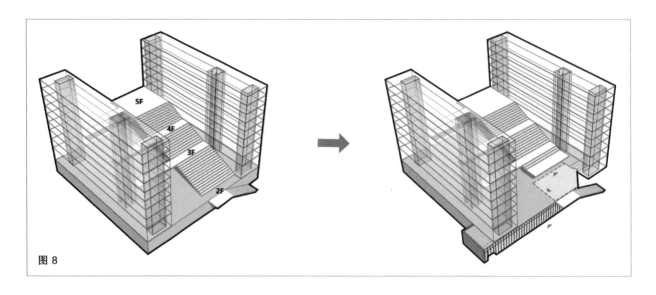

图 8

接下来便对这个大楼梯做功能化变形（图 8、图 9）。

将一层的楼梯改变方向，从侧向上到二层，这样不但可以节省用地，同时也将一层朝向街道的立面更多地展现出来。

将到达各层标高的休息平台延长，使其连接左侧的宿舍楼。

将从二层通往三层的楼梯截出一部分，目的是为了在二层组织一个入口广场，向前走可以通往大楼梯下面的功能房间，向左走可以通往阶梯教室。

在满足功能的同时，也要做形式化的处理。例如，图 10 中淡绿色的部分是要添加的平面功能块——教室、办公室、排练室等，将这部分功能块的两个角部向大楼梯一侧拉伸，这样既丰富了形式，又增加了功能（图 11、图 12），并将大楼梯变成一个下宽上窄的喇叭形状，让大楼梯有强烈的向上的透视感，将靠近街道的排练室等功能以更大

图 9

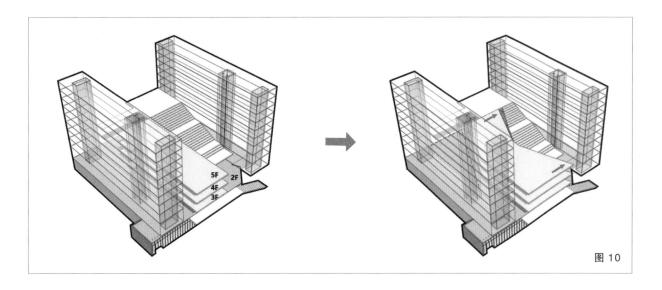

图 10

的立面展现给城市。同时，在二层的平台上，还形成了一个内院空间。

分析到这里，小伙伴儿们肯定要问：为什么要选择楼梯作为原型，再通过变形的方式作为生成复杂空间的第三条路径呢？这是因为楼梯本身就具有既满足功能又满足形式的特性。作为交通构件，楼梯自身承担着连接各个不同楼层的任务。楼梯的平台和梯段还可以通过变形来适应多种使用功能。同时，楼梯本身的"渐变性"具有很强的形式感。

图 11

图 12

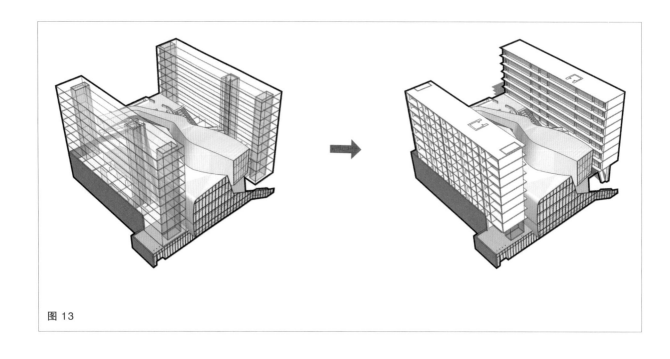

图 13

第四步："打包"

接下来的工作就是要给这个"汉堡"加上美丽的包装了。Morphosis 建筑事务所的汤姆·梅恩用曲线将内部的诸多功能"包裹"起来，与两侧的宿舍楼形成了强烈的形式对比（图 13）。

建筑的外表皮虽然不花哨，但是暗藏玄机。外表皮均采用节能材料和可以根据阳光的变化自动调节的遮阳板（图 14、图 15）。因此，这座建筑也是 LEED（能源与环境设计先锋奖）的有力争夺者。

在这个高速发展的社会中，太多的信息充斥着我们的大脑，使我们失去了对好东西的判断能力。无论我们没有发自肺腑地热爱建筑，还是因为太听话而在设计的过程中迷失了自我，这都不是我们真正的痛点。真正的痛点是在我们所处的环境中，缺少一片让埋藏在内心深处的"本我"生根发芽的土壤，致使我们没有勇气去建立适合自身的设计体系。

想要成为一名优秀的建筑师，就要用独到的眼光、独立的思考去建立独特的设计理论体系，然而这条路并非适合每一个人，并且每一步都十分艰难。

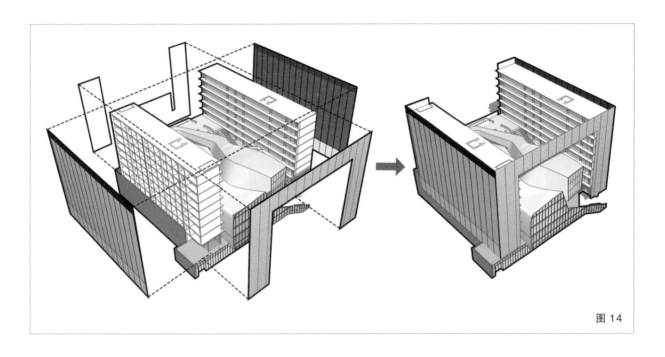

图 14

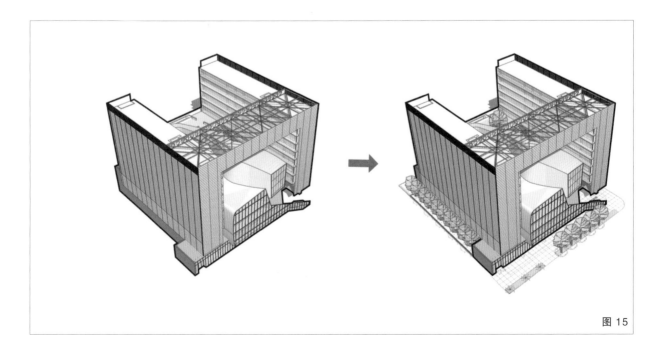

图 15

明天就要交图，怎样在一夜之间做出一个复杂空间

哥伦比亚大学医学院综合楼——Diller Scofidio+Renfro 事务所

位置：美国·纽约
标签：研究阶梯
分类：教育建筑
面积：10 000m²

图片来源：
图 1~图 3、图 11~图 13 来源于 https://www.archdaily.cn/cn，
其余分析图为非标准建筑工作室自绘。

眼睛一闭一睁，一个学期又要结束了，设计老师已经通知了最后的交图期限。建筑学这个学科很神奇，无论你是"学霸"还是"学渣"，没灵感就是没灵感，想不出方案就是想不出来，什么"耳目一新的概念""妙趣横生的空间"就像金箍一样铁面无私，在每个人的头上越勒越紧。每到这个紧要关头，那些禁不起高清图片诱惑的同学就开始寄希望于能从中找到一根救命稻草，而那些还在坚守绝不抄袭信念的同学则在苦苦等待着救赎。

然而，想得到一个复杂、灵活、多变的建筑空间，并不是简单地将多种功能块堆砌罗列就可以，也不是让所有功能"排排站"，然后用线性的思维来逐个击破这么容易。

当然，我们不会见死不救的。接下来就带给你一个有效的套路，来探索另一种获得复杂空间的方法。更重要的是，它可以让你在一夜之间画出一个有复杂空间的方案来交图。

这个案例是不是看起来还不错（图 1、图 2）？ 规整中不乏变化，看似夸张又不是很难实现，简直天生一张"优秀作业"的脸。

这座建筑叫罗伊与戴安娜·瓦格洛斯教育中心，是哥伦比亚大学医学院的综合楼，里面有外科、护理科、牙科等多种医疗学科的教室和实验室。为了加强不同学科之间的交流，建筑师打造了一个集各种空间于一体的复杂体系，这个体系被形象地称为"研究阶梯（Study Cascade）"。我们现在就把这个"研究阶梯"从里到外拆解了，让你彻底明白这个玩意儿是怎么弄出来的。

图 1

图 2

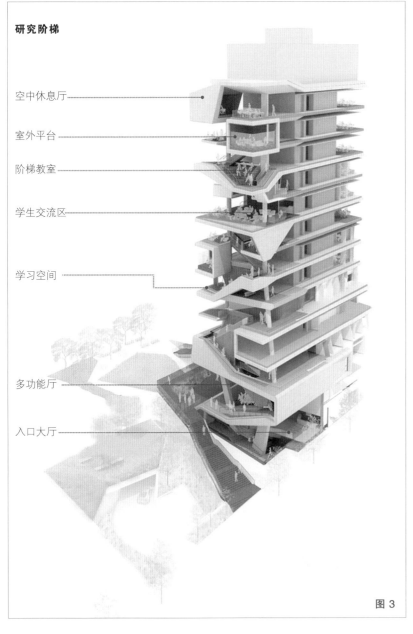

研究阶梯

空中休息厅

室外平台

阶梯教室

学生交流区

学习空间

多功能厅

入口大厅

图 3

这个"研究阶梯"有 14 层楼高，从首层大厅一直延伸到大楼的顶部，是一个既独立又相互连通的垂直交通空间（图 3）。整个垂直空间体系是阶梯教室、实验室、咖啡厅以及会议室等功能区的垂直堆叠。然而，这个堆叠并非空间的简单罗列，而是遵循一定的秩序，在保持空间复杂性的同时将空间合理组织起来的。

那么这个秩序，或者说它的空间原型是什么呢？其实就是一部外挂楼梯（图 4）。

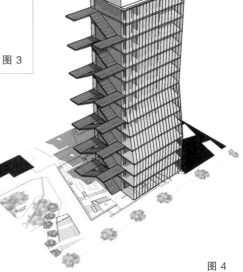

图 4

普通楼梯一般有三种空间类型：台阶空间、平台空间以及两个平台之间形成的通高空间。那么，如果将这三种空间类型放大并加以利用，它们是不是就能适应多种使用功能呢？比如，将台阶放大，就可以形成看台或阶梯教室；将平台放大，就可以形成向外出挑的阳台或交流空间；将通高空间加以利用，就可以获得像入口大堂那样的开敞空间（图5）。

该教育中心就是对这个外挂大楼梯进行了这样一系列的空间操作，才最终形成了各种功能空间犬牙交错的复杂状态。

还没看懂？那就让我们来看看详细的操作步骤：

1. 将外挂楼梯变成外挂剪刀楼梯，让人们从两条走廊都能进入空间里（图6）。
2. 将多余的梯段删除，并加大缓步台的宽度，形成各层挑台（图7）。
3. 调整梯段的宽度和位置，使攀登路径更加灵活且更具目的性（图8）。

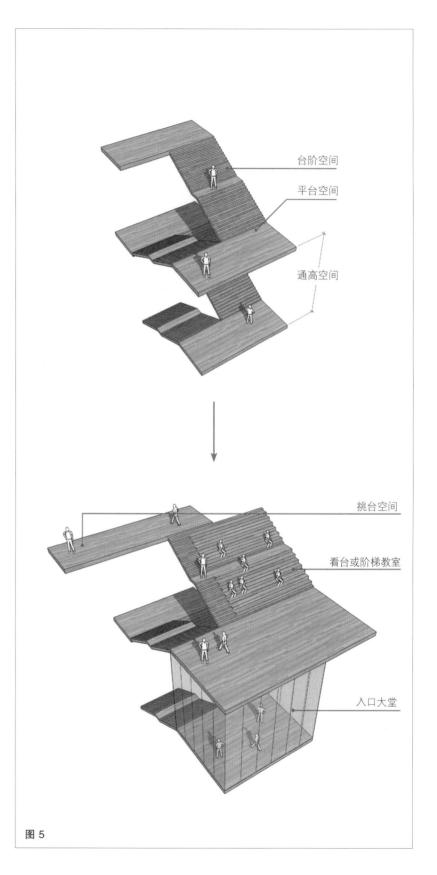

台阶空间

平台空间

通高空间

挑台空间

看台或阶梯教室

入口大堂

图 5

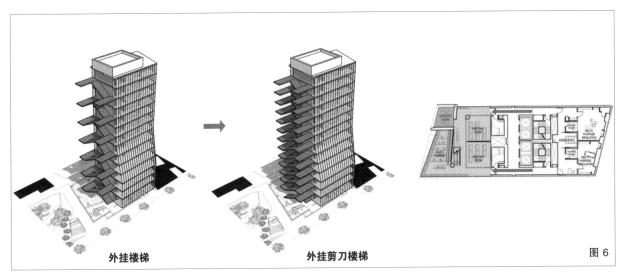

外挂楼梯 → **外挂剪刀楼梯**

图 6

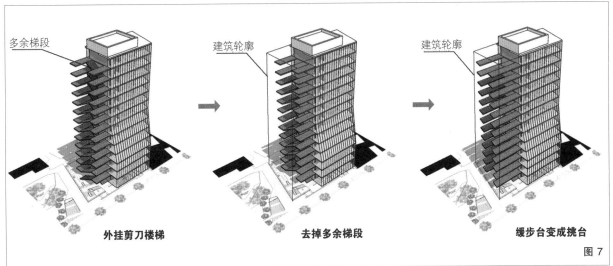

多余梯段

建筑轮廓

建筑轮廓

外挂剪刀楼梯 → **去掉多余梯段** → **缓步台变成挑台**

图 7

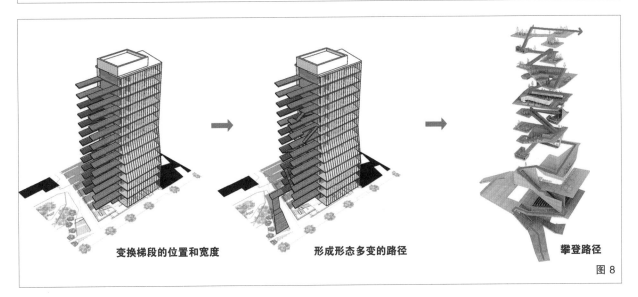

变换梯段的位置和宽度 → **形成形态多变的路径** → **攀登路径**

图 8

4. 在 2 层增加一个报告厅，在 11 层加一个阶梯式阳台，作为研究人员的交流空间。

5. 进一步优化各层空间，将休息平台根据建筑的外形扩宽，以满足不同功能对面积的需求（图 9）。

6. 用一个统一的折板构件将各层空间进行视觉整合。

7. 为建筑加上围护结构（图 10）。

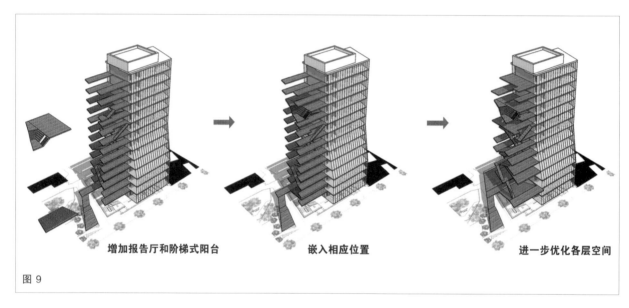

增加报告厅和阶梯式阳台　　　　嵌入相应位置　　　　进一步优化各层空间

图 9

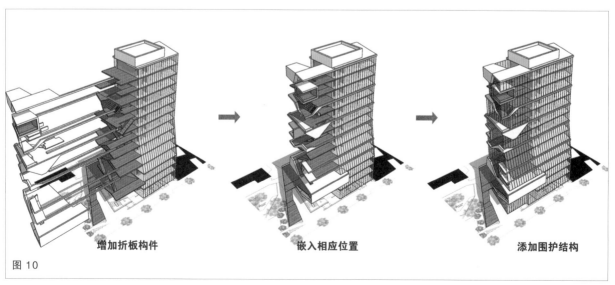

增加折板构件　　　　嵌入相应位置　　　　添加围护结构

图 10

整个"研究阶梯"是一个沿着楼梯延伸的学习和社交空间网络，在每一层上都形成了丰富多彩、形态各异的空间。学生们可以在大平台上喝着咖啡高谈阔论，也可以坐在宽敞的阶梯上聆听一场讲座或者演唱会，或是在封闭的小会议室里进行一次小组讨论。可以说，无论你想在这里做什么，都会找到相应的空间（图11~图13）。

复杂的空间绝不是各种空间的胡乱堆砌，也不是通过参数化编程将所需空间一个一个地拼贴上去的，更实际的方法就是找到一种有一定丰富度的空间原型，并对其进行有目的、有步骤的空间操作。

图 11

图 12

图 13

楼梯便是这样一个有着空间丰富度的空间原型，它作为交通空间，可以通过自身的变形将多种空间在垂直方向上组织起来。在传统建筑中，我们习惯了将楼梯遗弃在某个角落里，或黑暗的核心筒中，用最"经济"的尺寸来限定它们的宽度，以此来获得最大的水平空间。然而在当代建筑当中，许多建筑师都发现了楼梯所具有的独特空间体验。

今天的套路，你学会了吗？那还不赶紧画图去！

戳破建筑大师用折纸玩概念的谎言

图像与声音博物馆——Diller Scofidio+Renfro 事务所

位置：巴西·里约热内卢

标签：折叠，变形

分类：博物馆

面积：9941m²

图片来源：

图 1、图 3 ~图 5、图 8、图 10 来源于 https://www.archdaily.com，图 15、图 16 来

源于 https://www.pinterest.com，其余分析图为非标准建筑工作室自绘。

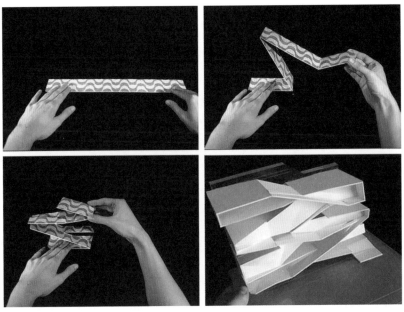

图 1

① 画两个圆圈

② 画上脖子和脚

③ 画上脸

④ 画上毛发和尾巴

⑤ 再添加其他细节
就大功告成了

图 2

就在刚刚，有个同学拿出了一个号称用折纸概念做成的建筑，并提出了一个问题："为什么我都折了一千克纸了，也没折出这个建筑来？"

图 1 就是这个同学用来练习的折纸概念生成图。这个生成过程基本等同于图 2 中的画马过程，他就算再折 100 千克纸，也绝对折不出这个建筑来。

别急，虽然我们不会折纸，但我们有"大锤"。现在，我们就给你拆解一下这个作品，保证你看完立刻就能弄出个八九不离十来。

这座建筑全称叫作图像与声音博物馆（图 3 ~ 图 5）。这个博物馆位于巴西里约热内卢的科帕卡巴纳海滩。2009 年，Diller Scofidio + Renfro 事务所从来自世界各地的 7 个知名事务所中杀出重围，在设计竞赛中获得了胜利。博物馆包含了很多功能区：280 个座位的剧院、商店、全景餐厅、酒吧等。设计师希望在科帕卡巴纳海滩游玩的人们走到这里时不会停下脚步，而是沿着一条"折叠"的垂直大道继续行走，在欣赏海景的同时，享受建筑带来的乐趣。

图 3

图 4

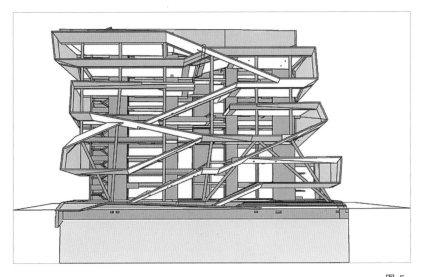

图 5

在提到折纸概念的时候，就出现了本文开头的那张图（图 1），设计师拿出一张纸条折来折去，最终形成了一个复杂的交通体系。然而，就算大家连眼睛都不敢眨一下，还是没看清这个模型究竟是怎么弄出来的。

仿佛又一次上当了。

既然看不明白，咱们就来拆解。其实它的空间是这样生成的：

首先，可以先根据任务要求，将各种功能安排在各层之中，再将建筑从中间剪断（图 6）。然后，将剪开的一侧整体下压，达到两侧错层的效果（图 7）。

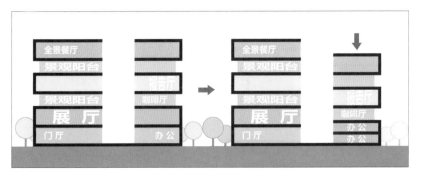

图 6

图 7

这种手法在 Diller Scofidio + Renfro 事务所的另一个作品——位于布朗大学的佩里和马蒂·格兰诺夫创意艺术中心当中也曾运用过。在错层的交接处，每一层的人都可以在自己的房间内看到对面两层的情况（图 8）。

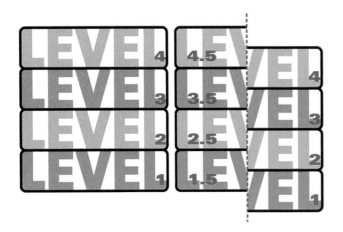

图 8

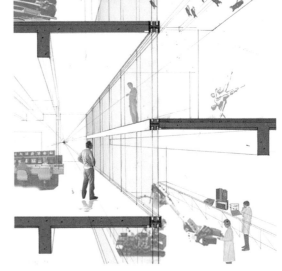

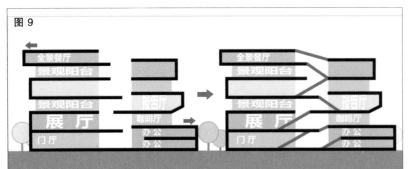

图 9

最后，根据各功能区所需的面积，对房间的大小进行适当的调整，最重要的是要在被剪去的地方加上楼梯。这样，一个错综复杂的空间就形成了（图 9、图 10）。

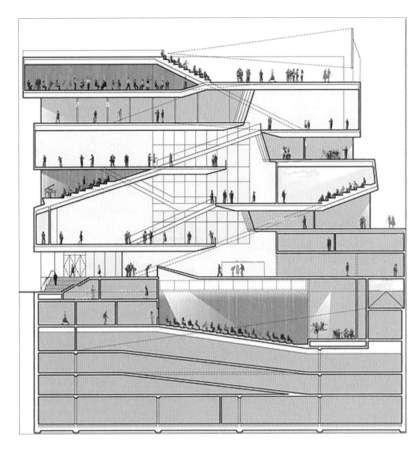

图 10

你以为这样就完了吗？当然不是。我们的原则是手把手地教会大家做这些看起来很炫酷的空间。接下来，我们将在三维空间中分析这个方案的生成过程。

1. 将建筑中间多余的部分剪去，再将其中一侧下压，形成错层空间（图 11）。

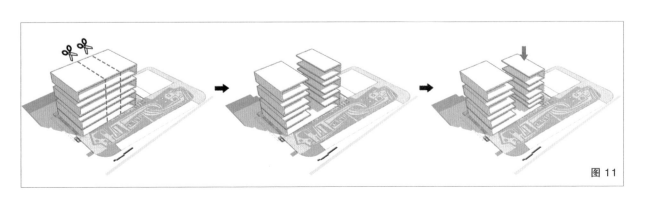

图 11

2. 对得到的体块做面积调整，然后将体块推进去一块，为垂直廊道留出
空间。垂直廊道实际上也是由一部外挂楼梯演变而来的（图12）。

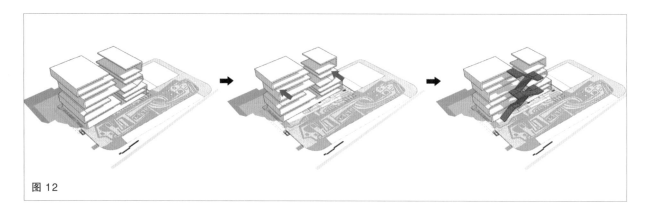

图12

3. 将楼梯的梯段做适当调整，保证其可以通到建筑两侧的每一层空间，
然后将楼梯的平台加大，与建筑各层的楼板相结合，并且将梯段做适当
的变形，使其像山间小路一般（图13）。

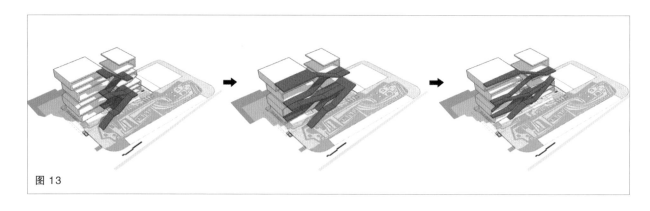

图13

4. 建筑外侧的垂直步道体系是和建筑的结构融为一体的。最后，再加上
围护结构（图14）。

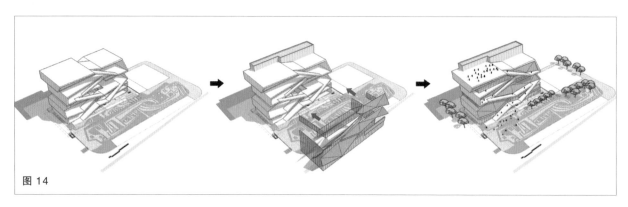

图14

就这样，又一个复杂的建筑被拆解完成了，你看懂了吗？

自柯布西耶提出多米诺体系以来，这个体系就一直被当作现代主义建筑空间生成的原型，很多才华横溢的建筑师在其基础之上创造了丰富多彩的平面形式。柱网体系不再只是方格网式的，还可以是三角形、多边形，甚至是弧形的。然而，这些所谓的创新，都是在多米诺体系所限定的两层楼板之间进行的，"水平性"才是多米诺体系的空间主导（图 15、图 16）。

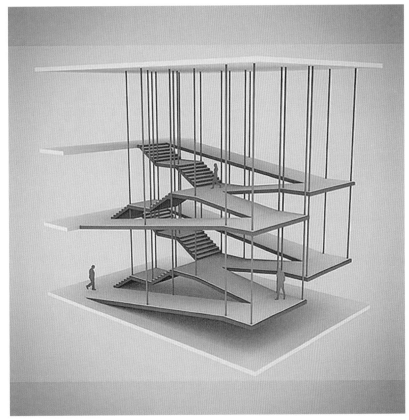

图 15

图 16

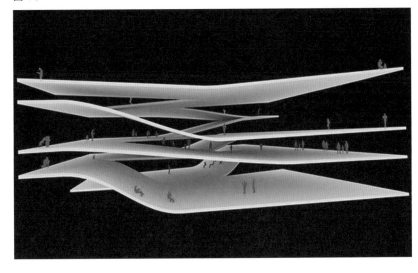

其实，在人们的内心深处，并不满足于在水平空间安稳地待着，而更喜欢追求在垂直方向上的高处不胜寒。当代建筑师们也早就厌倦了在水平空间里做文章，开始了在垂直空间里"舞蹈"。在众多事务所中，Diller Scofidio + Renfro 事务所无疑是此中高手，给我们带来了一场又一场垂直空间的盛宴。

但现在，你不是也学会了吗？还不赶紧找个机会显摆一下。

不会参数化软件怎样做出一个参数化建筑

广州"三馆一场"国际竞赛方案——克里斯蒂安·科雷兹

位置：中国·广州
标签：圆形，相减
分类：文化建筑
面积：73 950m²

图片来源：
图1、图2、图6、图16、图19、图20来自 https://www.designboom.com，
图7、图17来自 *EL croquis* 第182期（CHRISTIAN KEREZ，2010—2015），
图8、图24、图25、图28、图29来自 https://www.gooood.cn，
其余分析图为非标准建筑工作室自绘。

真香警告

有人说世间万物都离不开"真香定律"（指一开始拒绝某事物，而后又对其产生喜爱）。就在不久之前，什么参数化、非线性还被当作"歪门邪道"，遭到众多"江湖门派"的抵制。再看看现在，无论投标竞赛，还是交个课程设计，不带个"犀牛"（Rhino 软件）、"蚂蚱"（Grasshopper 软件）压场子，都不好意思和人打招呼，放眼望去仿佛一座"动物园"。建筑少年的人生必备道具已经从画板、丁字尺进化成了各种稀奇古怪的建模软件。普通少年必备 Rhino、Grasshopper，文艺少年会用到 Maya、T-splines、C4D 等，而资深少年，则是热衷于研究各种传说中叫不上名字的、航空设计级别的建模软件。

设计师对建筑的追求似乎已经简化成了对软件的追求，软件高级就等于方案高级的判断，看似荒谬，却又是很多人心照不宣的标准。也是，你说两个建筑少年见面聊什么呢？吐槽甲方？太低级；谈谈设计理念？太浮夸。只有聊聊建模软件，才显得既专业又高级，还好像很有追求的样子。

Nice!

但是，少年啊，小孩子才说追求，大人还得谈设计费。在大人看来，什么软件都是"浮云"，不就是要搞个非线性的复杂建筑吗？我用 SketchUp 里的一个命令就敢向你们整个"动物园"挑战。

来看下面这个案例——广州"三馆一场"国际竞赛方案（图1、图2）。

图 1

图 2

图 3

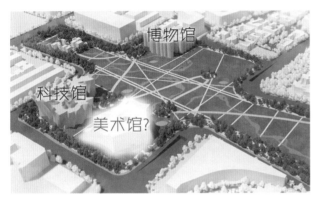

图 4

图 5

项目位于广州新中轴线南段的起点，紧邻广州塔。"三馆一场"由广州博物馆、广州美术馆、广州科学馆以及岭南广场组成（图3）。在这个方案里，三个场馆均采用了非线性的外形，博物馆看上去像一堆大小各异的圆管，科技馆更是杂乱无章（图4）。然而，这两座场馆虽然看起来都是异形且复杂的，但它们的形式都源自简单的结构逻辑，用 SketchUp 就能搞定。比如科技馆这个乱七八糟的形体，就是将原有的线性垂直墙体通过一系列的位移，形成看似非常复杂的非线性曲面，但这个非线性墙面的本质依然是由很多个正常墙面组成的。很明显，这个方案就是"移动"出来的（图5～图7）。

图 6

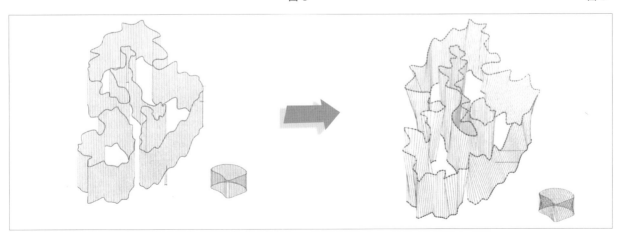

图 7

而我们下面要重点拆解的美术馆，也是只用了 SketchUp 的一个命令，就拥有了复杂的非线性空间（图8）。

图 8

第一步：什么命令

这个命令就是"布尔"（Boolean）（图9）。"布尔"命令下又有"相交""联合""减去"等子命令。而该设计用到的子命令就是"减去"。

图 9

第二步：神奇的减法

一般情况下，我们会觉得参数化设计都是在做加法，这样才会出现复杂的空间。但事实上，"减"出来的空间可能更神奇。用最简单的方块去"减"，结果就会很令人惊喜，要想再复杂一点儿，就用球体去"减"（图10）。美术馆方案就是用球体切方块之后，瞬间变成"非线性"的（图11）。

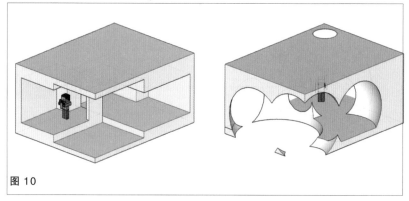

图 10

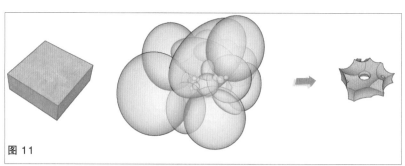

图 11

第三步： 减出来的形体

首先，做四个立面的削减。

1. 东、西、南、北四个立面（图12）

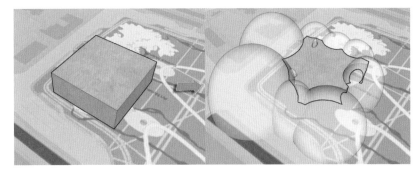

图 12

那么，问题来了。这些用来削减建筑形体的球体的尺寸和位置是怎么确定的呢？是随意放置，还是暗藏理由？仔细观察可以发现，面向街道一侧的球体尺寸较大，而面向公园一侧的尺寸则较小。这是因为街道距离建筑较远，建筑的观者来自高速公路，因此，要求建筑有更加完整的立面视觉体验。而公园一侧要近距离地吸引人流，因此，建筑需要以更加亲和的小尺度呈现在人们面前（图13）。

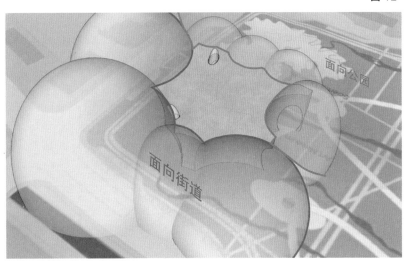

图 13

2. 第五立面

用球体削切四个立面是考虑了游客的视觉体验，而第五立面人们根本看不见，为什么还要去切呢？其中一个原因是设计意向的表达。整个美术馆的形态灵感来自太湖石——设计师希望建筑像太湖石一样，内外相连，虚实相生，是一个不可分割的复杂形态。而另一个原因当然是要为内部空间服务啦（图14）。

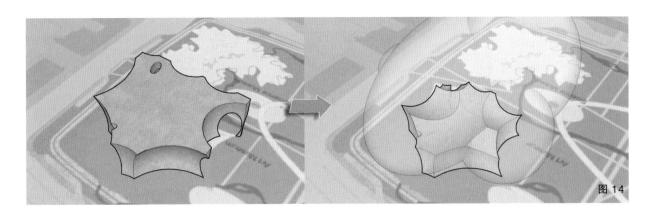

图 14

第四步：减出来的空间

减出中庭（图 15、图 16）。

用球体削切出中庭空间，不仅是为
了得到一种特别的空间体验，更重
要的是，让球形壳体成为建筑承重
结构的一部分——内部的球形壳体
与外部被削切过的墙面一起构成
了建筑的承重体系。空间结构与
空间效果在这座建筑中得到了统一
（图 17）。

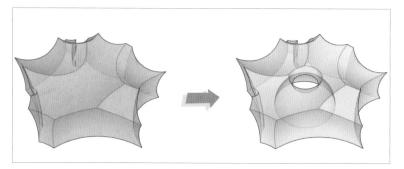

图 15

图 16

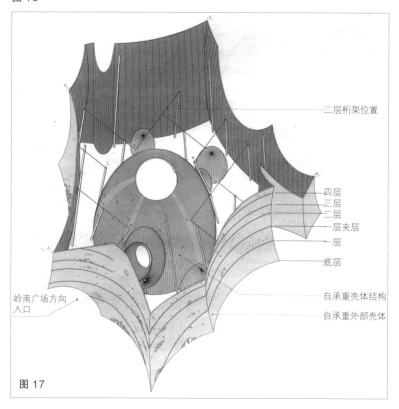

二层桁架位置

四层
三层
二层
层夹层
层
底层

岭南广场方向
入口

自承重壳体结构
自承重外部壳体

图 17

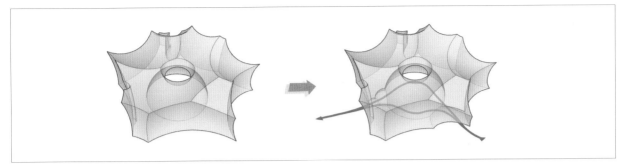

图 18

通过主次入口的削切，将前面生成的外部空间与中庭空间连为一体（图18）。于是，中庭不再是独立存在于建筑内部的空间，而是一个外向型的、面向更多人开放的花园。同时，外部景观元素被引入中庭，真正让内外空间形成一种不可分割的复杂形态（图19、图20）。而这种开放的空间结构也可以让更多人享受到这个中庭花园（图21、图22）。

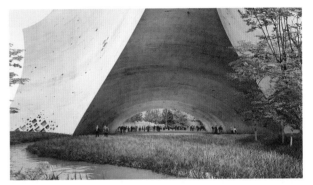

图 19

图 20

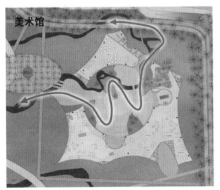

图 21

图 22

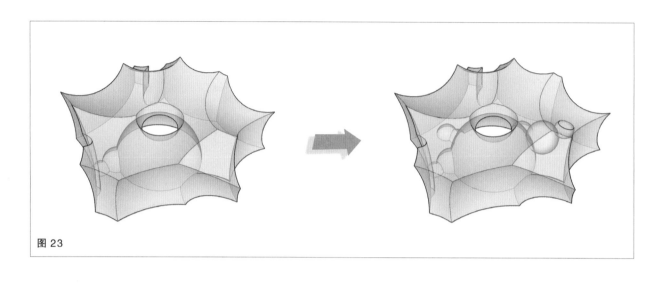

图 23

图 24

在这一步的削切中可以发现，建筑内部有两个悬空的球体，这也是建筑中最主要的特色空间：空中酒吧和餐厅。这两个球体悬挂于大堂垂拔空间的上部，并不与大堂相连，却和外部空间直接相连——底部与中庭空间相通，顶部与建筑屋顶相连。也就是说，这两个球体与建筑的内部空间是相互分隔的，但与建筑外部空间是一体的，真正的建筑内部空间事实上处于所有球体的外部（图23～图25）。

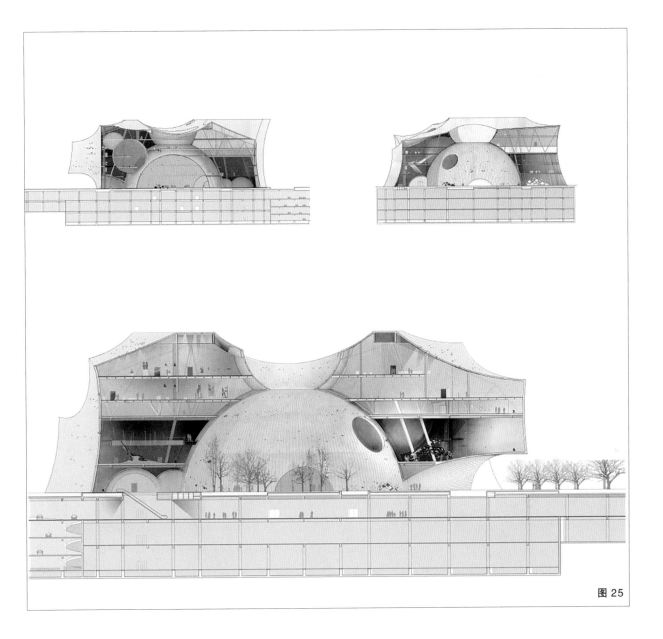

图25

展厅空间不是由单个或部分球体围合而成的，而更像是许多个残缺球面
的组合（图 26）。

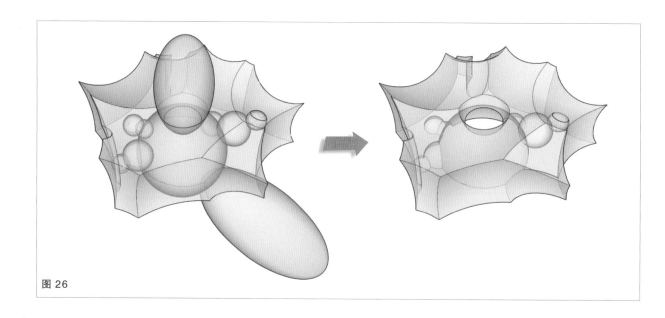

图 26

第五步：塞功能、加交通（图 27）

在展厅空间中，大面积的曲面墙会产生不同角度的光线，每个展厅的不
同展品也因此获得了各不相同的展示环境（图 28）。

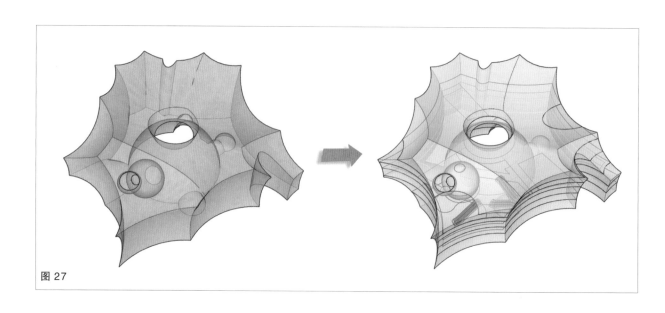

图 27

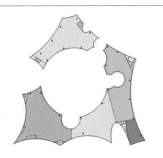

底层

建筑面积：5100m²

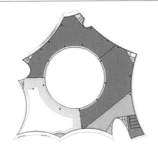

一层

建筑面积：5400m²

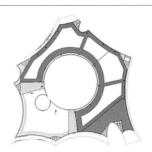

一层夹层

建筑面积：3300m²

二层

建筑面积：3350m²

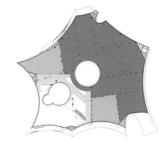

三层

建筑面积：4900m²

四层夹层

建筑面积：3700m²

图 28

★ **敲黑板**：

软件高级不代表方案高级，过程复杂也不代表空间复杂。这世上唯一高级且复杂的只有你的头脑。

一个方体减去一个球体叫立体几何，一个方体减去多个球体就叫非线性设计。

有规律的复杂才是美，无规律的复杂只是烦（图 29）。

图 29

想不出方案？
那就去背个结构形式吧

瑞士再保险公司新办公大楼——克里斯蒂安·科雷兹

位置：瑞士·苏黎世
标签：结构，空间
分类：办公楼
面积：15 600m²

图片来源：
图1、图3来源于 https://zhuanlan.zhihu.com，图2来源于 https://tensegritywiki.com，
图4～图7、图11、图15、图18、图21、图22来源于 *EL croquis* 第145期
（CHRISTIAN KEREZ，1992—2009），其余分析图为非标准建筑工作室自绘。

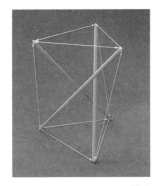

图 1

图 2

建筑师的必备技能之一就是会吵架，而吵架对象之一就是结构师。每天和结构师吵一吵，就能神清气爽地继续去画图，然后下次见面继续吵。

建筑师似乎总有一种莫名其妙的优越感：所有对设计方案的质疑，都是在阻碍人类艺术的进步。这大概就是"被偏爱的都有恃无恐"。谁让结构师们拿的都是温柔体贴、默默守护的"男二剧本"呢？

不要以为没有了建筑师，结构师就没活儿干了。事实是，如果结构师来搞设计，就没建筑师什么事儿了。比如，图 1 中的这个东西叫"张拉整体（tensegrity）"结构，简单地说，就是一种由连续拉索（cable）和断续压杆（bar）构成的结构。先不管它叫什么，主要是这玩意儿看着好像也不是很结实啊。那你再看图 2。照片中的人就是早期发现这个结构的人——肯尼斯·杜安·斯耐尔森（Kenneth Duane Snelson），而他坐的这个"凳子"就是一组堆起来的"张拉整体"结构，被称为张拉整体结构塔（tensegrity tower）。这个结构为什么叫 tensegrity 呢？这里面还有一段历史。

斯耐尔森曾在黑山学院听过建筑师理查德·巴克敏斯特·富勒（Richard Buckminster Fuller）的课，受到启发之后弄了几个作品给富勒看（图 3）。富勒看后非常惊喜，并且给这种结构起了个名字，将"tensile（张拉）"和"integrity（整体）"掐头去尾合成了"tensegrity"这个词。不过几年之后，富勒不再把这种结构类型的发现归功于斯耐尔森了，许多场合也不再提斯耐尔森的名字了。由此可见，建筑师与结构师的"梁子"真是源远流长啊。

图 3 斯耐尔森作品

又过了很多年，另一个热爱结构的建筑师克里斯蒂安·科雷兹看到了这
个结构，于是参照这个结构做了一个建筑——瑞士再保险公司新办公大
楼（图4～图6）。注意，是做了个建筑，不是给建筑配结构。

图4

图5

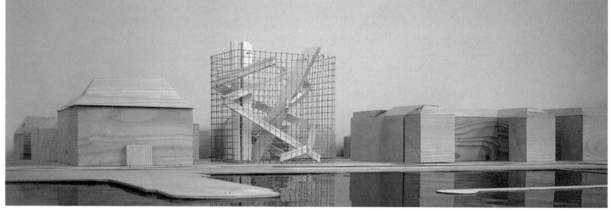

图6

图 7　克里斯蒂安·科雷兹做的概念模型

虽然这个项目坐落在历史悠久的苏黎世老城区尽头，紧邻风景优美的苏黎世湖，可以远眺阿尔卑斯山脉，但这些都不重要，因为在结构师眼里只有结构。不用怀疑，这座建筑除了结构，啥也没有（图 7）。先简单分析一下这个结构，它主要由比较粗的、抗压能力强的压杆和连续的、非常细的拉索构成。从结构对建筑空间的影响来说，肯定是较粗的压杆对空间使用的影响较大，那么首先就来确定建筑中的什么构件能做"张拉整体"结构中的压杆。

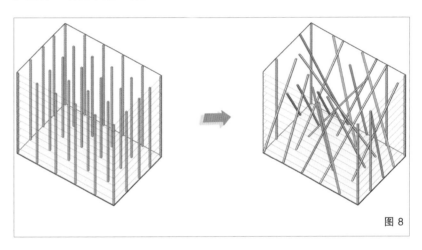

图 8

第一步：选压杆

压杆，正如它的字面意思，主要是用来承担压力的。而柱子便是建筑中天然的压杆，所以可以确定压杆选项 A——柱子。但是"张拉整体"结构中压杆的布置是不规则的，垂直放置的结构柱肯定无法构成此结构，所以要将压杆选项 A 变为斜柱（图 8）。

如果是艺术馆之类的建筑，这样布置我还能勉强接受，但这个建筑偏偏是一座追求开敞空间的办公建筑，用这样容易碰到头的柱子，肯定要被甲方毙掉。那么，建筑中承担压力的构件，除了柱子还有什么呢？

压杆选项 B——交通核（图 9）。柱子和交通核本质上都可以作为受压杆件，那么何不"合并同类项"，让建筑成为一个无柱空间呢（图 10）？

同时正如上文所述，垂直布置的交通核是无法和拉索一起构成"张拉整体"结构的。那么问题来了，交通核一定是垂直的吗？要不斜着试试（图 11）？

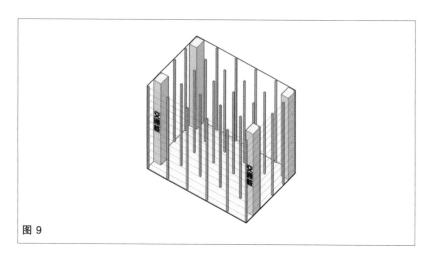

图 9

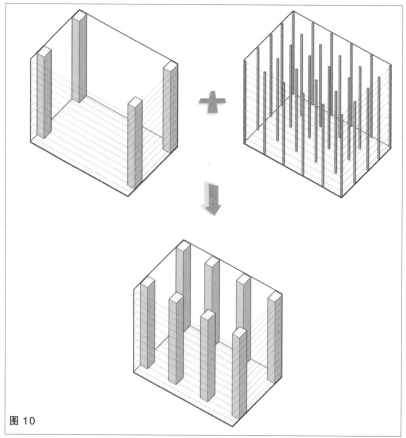

图 10

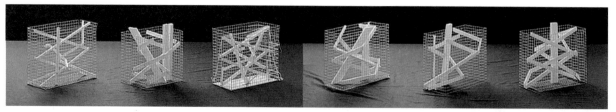

图 11

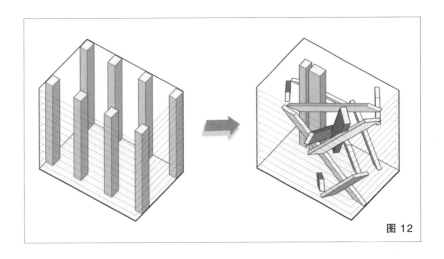

图 12

第二步：交通核的异化

如果仅仅是为了完成一个新建筑结构的实验，而将原本十分合理的交通核变形，付出的代价也未免太大了。但仔细想想，垂直交通核中的折返跑楼梯真的好用吗？员工去其他层的办公区域真的会使用这个楼梯吗（图 12）？答案很显然：很多人都不会。对现代人来说，谁会闲着没事儿爬楼梯玩呢？

再回过头来看变形后的斜交通核：内部楼梯由原来的折返跑楼梯变为连续直跑楼梯（图 13），这样一来，不仅行进路线不会重复，还可以产生相对丰富的空间体验。同时，斜向交通核的置入也使平面布置变得不再重复了。

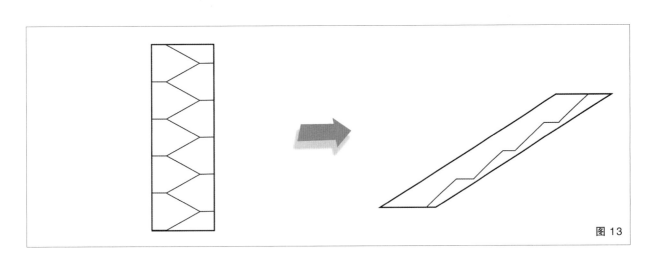

图 13

这也正符合克里斯蒂安·科雷兹所想：如果设计的基础只是重复的平面，那无论建筑物多么高，你得到的永远是平坦的空间（图 14）。因为整座建筑都属于瑞士再保险公司，所以不同楼层用户的交流会比较多。用户可以在这座 14 层高的建筑物里选择任何一部楼梯走到任何想去的地方，而且每次走的路线可能都不一样。这些楼梯让所有工作场所连通、融合（图 15）。而这些看似数不清的楼梯其实只有三个（图 16）。这三个螺旋式的楼梯以各自不同的方式连接了建筑的各层，使整个建筑空间成为一体。

但是，这样的楼梯还远远不够。

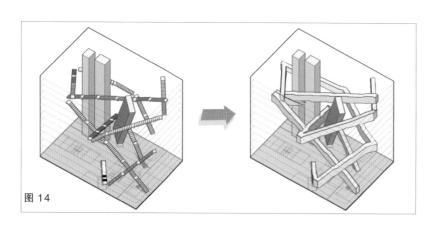

图 14

图 15

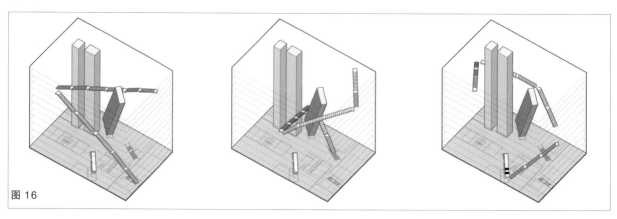

图 16

第三步：交通核的进一步异化

正因为交通核是斜向的，所以斜向楼梯间的顶部就可以加以利用了。于是，设计师在封闭楼梯间的顶部又加了一部楼梯（图17），使楼梯的数量又增加了一倍，空间的复杂性与流线的多样性也随之增加。这种流线的大角度穿插非常像阿尔卑斯山脉的一项旅游体验：顾客乘坐爬山齿轨火车，观赏阿尔卑斯山脉优美的景色。正是这部楼梯的加入，将阿尔卑斯山脉的观景体验成功地移植到了办公空间内部（图18）。

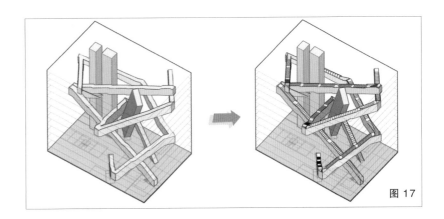

图 17

图 18

第四步：加拉索

压杆已经处理得差不多了，现在就差加拉索了。如果按照结构模型，在压杆端头加拉索的话，拉索有可能穿过建筑（图19）。但如果我们将楼板也当作压杆，和交通核一起作为受压构件，那么拉索就可以完全在建筑表皮上进行布置了，结构也就成了建筑立面的一部分（图20、图21）。

折向预应力张拉索是直径150mm的实心钢制结构，它通过自身的张力补偿了混凝土交通核以及楼板因大悬挑所需的应力流。一刚一柔的结构配置和形式处理，让这个结构"理性""内心疯狂"的建筑又增添了几分柔美。最后配上极简的表皮，建筑设计就此完成（图22、图23）。

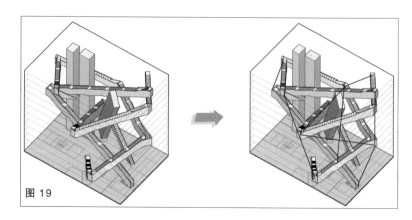

图 19

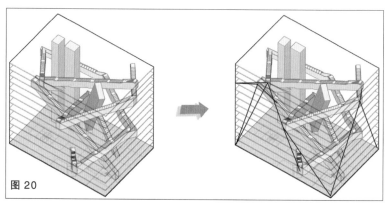

图 20

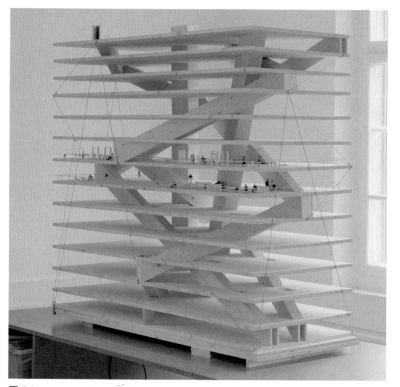

图 21

图 22

从这个案例可以看出，方案设计如果从建造的原初体系出发，也就是从结构开始，然后质疑和推翻传统的建筑模式和经验，通过功能构件的革命性转译进行重构及复合，就能实现建筑空间、结构、形式乃至表皮的一体化集成。

简单点说就是，结构师随便弄个结构模式就实现了建筑师苦苦追求的立体交通、无柱空间、复合功能以及多元体验。

这说明了什么？说明结构师这么多年默默地给你配结构，不是怕自己没活儿干，而是怕你没活儿干啊。

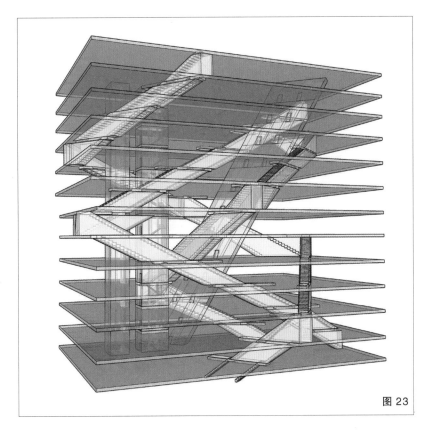

图 23

"烂尾楼小姐"的"整容"日记

韩国首尔城东文化福利中心——UnSangDong 建筑事务所

位置：韩国·首尔
标签：分流，编织
分类：文化中心
面积：1014m²

图片来源：
图 1、图 2、图 7、图 8、图 10、图 11 来源于 https://www.archdaily.com,
图 19 来源于 http://news.ifeng.com，图 20 来源于 http://www.klook.com,
其余分析图为非标准建筑工作室自绘。

人要看脸，楼也要看脸。长得好看的楼会上各种杂志，当"网红"。那长得不好看的呢？能被盖起来就已经烧高香了。那些盖到一半实在看不下去的，人送外号——烂尾楼。

烂尾了就要自暴自弃吗？长得丑就没有前途了吗？对"烂尾楼小姐"来说，找到一位好医生进行"整容"，才是正确的选择。

比如，图 1 中的这栋建筑，别看现在很美，被粉丝亲切地称为"亚马孙河流域的蝴蝶"，想当初，也是一位几乎要被炸掉的"烂尾楼小姐"呢（图 2）。不过，这栋建筑长得丑并不是天生的，而是因为一次不幸的事故，让本来长得就很平凡的"小姐姐"直接惨变"车祸现场"。

该建筑是位于韩国首尔城东区的文化福利中心，坐落在首尔城东最为落后的工业区中，是城东区规划中至关重要的一部分。作为一个以文化及福利为主的政府办公机构，它本应是一副轴线对称、庄严肃穆、拒人于千里之外的样子。然而，因为政府有了新的执政理念，所以希望这栋建筑像毕尔巴鄂古根海姆博物馆一样，能够通过自身的形象感染整个地区，

图 1

图 2

丰富周围居民的业余文化生活，就像"亚马孙河流域的蝴蝶"，引起"蝴蝶效应"，在生活在贫民窟的人们心中播下希望的种子。

由于政府这样的想法，矛盾就此产生，进而造成了一次不幸的事故——原本完整的建筑，因为陡增了许多市民文化活动的功能，被"撕扯"得支离破碎。还好有韩国建筑界最炙手可热的"整形医生"UnSangDong建筑事务所出手相助，他们用高超的空间塑形能力，挽救了这栋建筑的命运，达成了它成为"亚马孙河流域的蝴蝶"的美好心愿。

一、"破相"过程

让我们来还原一下事故现场。

最初，它就是一栋中规中矩的政府办公楼。由于要丰富其中的功能，它被分成了 3 段，市民文化活动区作为面积最大的区域被放在了这 3 段中的最下层，其中包含了图书馆、儿童活动中心、幼儿园以及一个剧场。可以说，这已经彻底改变了政府办公楼的功能属性（图 3）。

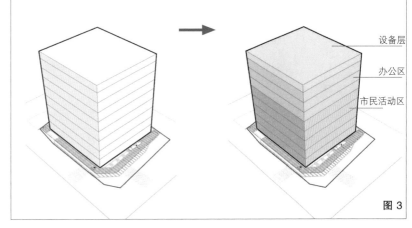

图 3

而且，不但功能有了颠覆性的变化，下面的市民文化活动部分还被彻底打开，把建筑的内部尽可能地展现给市民，从而吸引更多的人流。这还没完，开敞的部分还被塞进了一个可以容纳 300 人的剧场（图 4）。

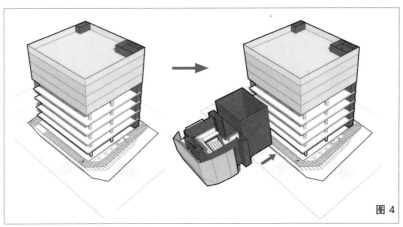

图 4

至此，矛盾已然全面爆发。有三个问题最为严重：第一，这栋建筑占地面积只有 30m×30m，在这样狭小的一层平面中，如何能放得下上层诸多功能的入口门厅呢？单是组织交通就是一件让人头疼的事情。第二，剧场有两层看台，每层看台都可以升起，单是剧场的部分就有 4 个标高，这 4 个标高又如何与自然层的标高协调呢（图 5）？第三，外观被打碎后，如何能获得一个相对完整的立面形象呢？

面对这三个问题，经验丰富的"整形医生"UnSangDong 建筑事务所只用了一招就把丑小鸭变成天鹅了。这招就是——巧用楼梯。

二、手术过程

第一个问题的解决方案

将建筑的一角削去，作为摆放立体交通的空间，在垂直方向组织起一连串的入口门厅，这样便可以减缓在一层摆放各种门厅的压力，起到立体分流的作用（图 6 ~ 图 8）。人们可以通过一层的入口进入儿童活动中心，观看演出的市民则可以通过大台阶走到二层平台，进入剧场的门厅。

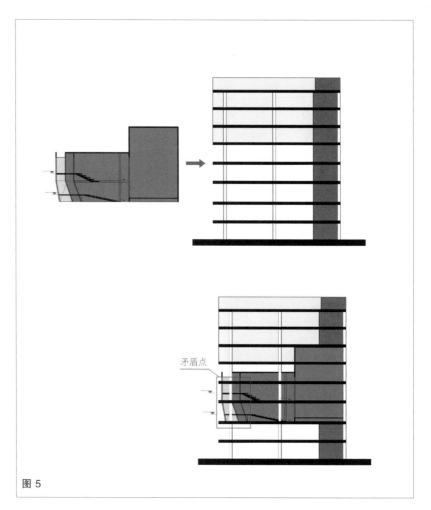

图 5

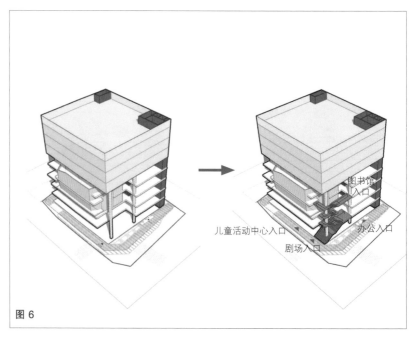

图 6

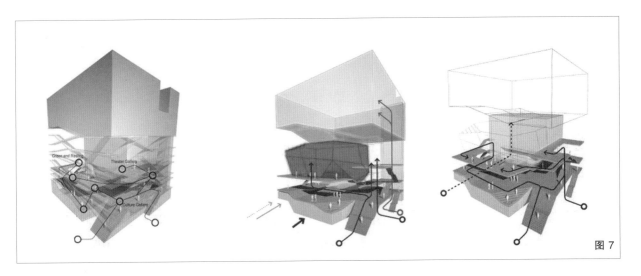

图 7

图 8

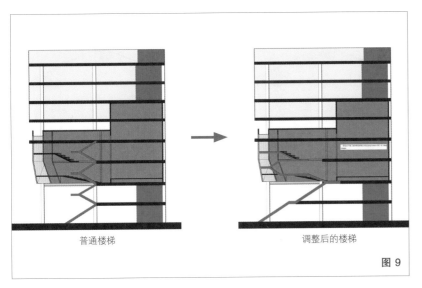

普通楼梯　　　　　　　　　调整后的楼梯

图 9

第二个问题的解决方案

解决这个问题要分两步走。第一步，根据剧场和自然层的层高对楼梯进行调整，通过改变楼梯的台阶数量，来协调不同标高之间的差异（图 9）。

第二步，将折跑楼梯的中间段做一个扭转。这个操作可以让楼梯连接更多不同方向的楼层（图 10 ～图 12）。

以上的"手术"过程仅仅是针对建筑东南角的局部操作。

图 10

图 11

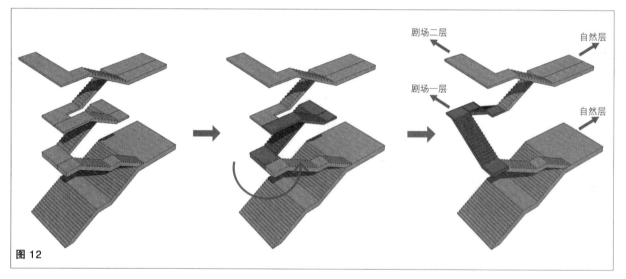

剧场二层

自然层

剧场一层

自然层

图 12

在建筑的西南角，同样采取了上述做法。通过楼梯的变换，完美解决了剧场不同楼层疏散的问题。而在建筑内部，建筑师还需要通过增加其他楼梯来连通上下层（图 13）。

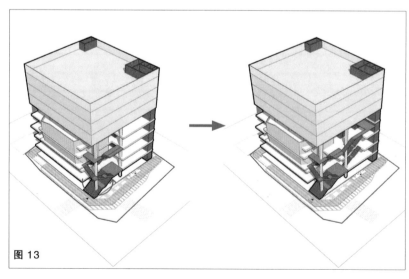

图 13

第三个问题的解决方案

一直以来，立面设计都是困扰我们的一大难题。这是因为在我们所接受的传统建筑学教育中，立面设计一直被当作一个相对独立的任务来看待。我们总喜欢用类似整体性强、虚实有度、比例关系讲究等原则作为评判立面设计的方法。但实际上，有一些立面方案在空间生成、交通组织完善以及结构逻辑建立的过程中自然而然就完成了，无须再做任何加工。

这个案例就是一个很好的证明。不信你看图14。

在立面展开图中，我们先去除玻璃幕墙的部分，只看"破了相"的部分。组成该部分的线条有两种，一种是水平线条，一种是斜向线条。

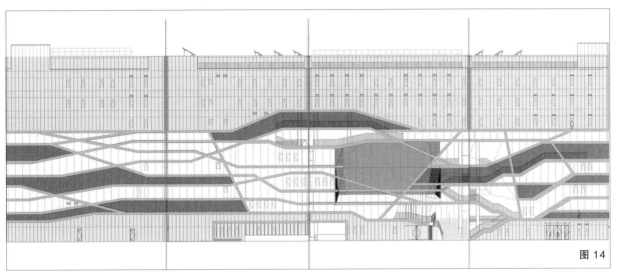

图14

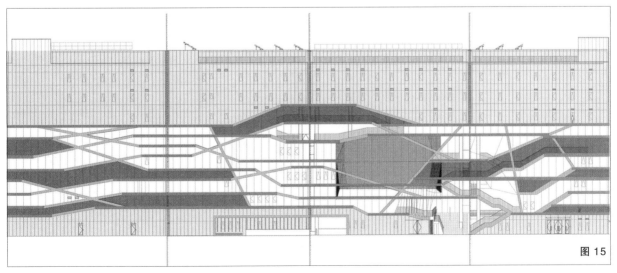

图15

水平线条是各层的楼板，有自然层的，也有剧场非自然层的（图15），而斜向线条一部分是楼梯（图16），另一部分则是必要的结构支撑（图17）。这样，由三种职能线条共同组成了外立面的复杂构成体系（图18）。

其实，这种立面构成的手法并不少见，如国家体育场鸟巢（图19），

那看似复杂、凌乱的外壳是由起结构作用的线条和起装饰作用的线条叠加而成的。再比如，让·努维尔设计的阿布扎比罗浮宫的穹顶（图20），也是由基层规则的图形相互叠加而成的。

至此，"手术"完成，"整形"成功。你看懂了吗？

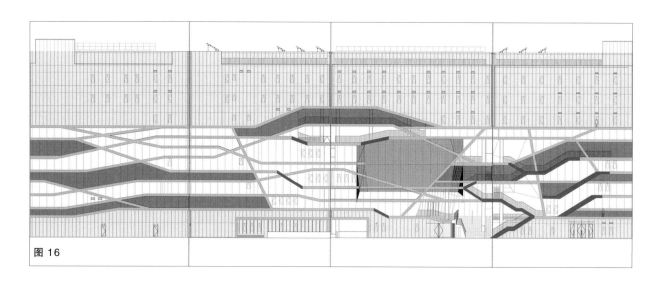

图 16

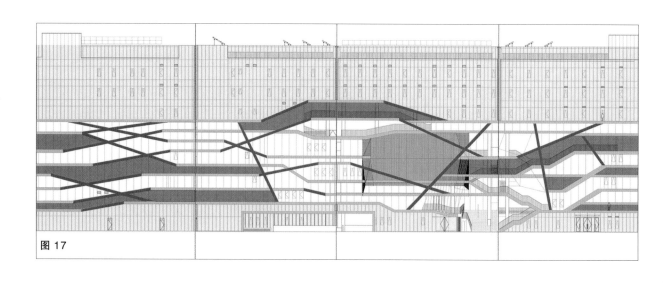

图 17

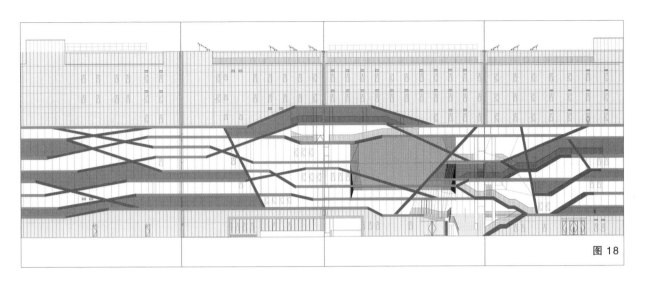

图 18

图 19

图 20

建筑是一个整体，当一个复杂的建筑呈现在我们眼前的时候，它已经是一个复杂的系统了。在这个系统中，每一个环节都有建筑师为其量身定制的解决方案。只是当这些解决方案组合在一起的时候，就容易混淆我们的视听，使我们看不清整栋建筑的生成逻辑。但是，当我们将这个复杂的系统拆分成若干个子系统的时候，就没那么复杂了。比如，设计环节所涉及的功能分区、交通系统、结构体系，方案深化环节所涉及的设备专业的供水系统、供电系统、空调系统等。

从这个案例来看，"破相"的过程实际上是建筑形态随着功能需求的变化而发生改变，以适应时代的发展。而"整容"就是为实现功能的演变而采取的一系列空间操作手段，这些手段会涉及对更多子系统的深入思考和设计。

所以，当代建筑是复杂的多系统叠加的结果，"一根筋"的设计是注定要被抛弃的。

每次报规，轻微想"死"

欧洲城电影文化中心——UNStudio 建筑事务所

位置：法国·巴黎
标签：塑形，造型
分类：文化建筑
面积：10 045m²

图片来源：
图1、图2、图19 来源于 https://www.archdaily.com，图3～图9来源于
https://big.dk/#projects-eurc，其余分析图为非标准建筑工作室自绘。

如果说结构、水暖、电各部门与建筑师是 "人民内部矛盾" 的话，那规划师与建筑师就是——当然， "敌我矛盾" 也算不上，规划师对建筑师的态度基本上就是 "我就喜欢你看不惯我又干不掉我的样子"。而且，在报规这个问题上，估计每个建筑师都能写出一部血泪史。

不过现在我们不是来诉苦的，还是看看下面这位"英雄"——UNStudio
设计的欧洲城电影文化中心（图1、图2）是怎样在苛刻的规划条件的
夹缝中杀出一条血路的吧！

这方案看着是不是还挺"放飞自我"的？别急，先来看看上位规划。

图1

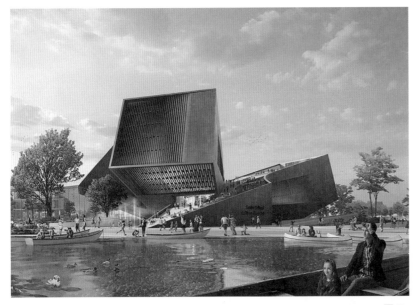

图 2

图 3

图 4

来自总体规划的压力

要说这个上位规划，估计大家也不陌生，就是 BIG 建筑事务所在 2013 年赢得"欧洲城"国际竞标的方案。这块地位于法国巴黎，规划目标是建一个 80 万 m² 的集文化、娱乐、零售、商业于一体的文化休闲小镇。但不知是 BIG 建筑事务所的"脑洞"开得太大了，还是不满足于仅仅赚那点儿规划设计费，反正结果就是把一个 80 万 m² 的小镇规划变成了一个 80 万 m² 的超级综合体设计（图 3）。你想想，80 万 m² 的综合体啊，就算按照国内设计院的一般报价，每平方米 100 元，那也是 8000 万元人民币啊，真是做梦也会笑醒的。更魔幻的是，这个超级综合体竟然中标啦！

当然，再魔幻的现实也是现实。正当 BIG 觉得一切顺利，准备撸起袖子深化方案时，方案的调整意见还是如期而至了。简单来说就是，"起伏山脉"的构思还是要有的，但超级综合体是不可能的，所以，还是老老实实地做小镇规划吧。

调整后的方案如图 4。所以 BIG 独享 80 万 m² 设计费的梦想也就破灭了。

调整后的规划中散布着 8 座重点建筑，分别由 8 家事务所来完成。BIG 只负责设计火车站入口的展厅（图 5），而 UNStudio 建筑事务所负责设计的第七艺术文化中心也是重点之一。但让 UNStudio 建筑事务比较郁闷的是，当他们接手这个项目的时候，该项目左右两边的建筑都已经定稿了。也就是说，UNStudio 建筑事务所不但要面对已有的规划要求，还要呼应两侧已有的重点建筑（图 6、图 7）：西侧是由 Clément Blanchet Architecture 事务所设计的马戏团（图 8），东侧则是由意大利建筑公司 Atelier(s)Alfonso Femia 设计的山形酒店（图 9）。

图 5

图 6

图 7

图 8

图 9

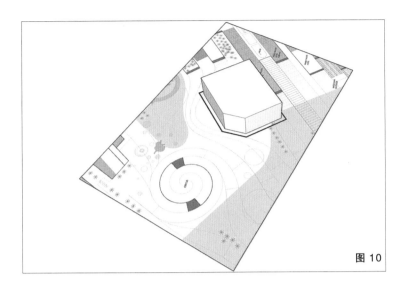

图 10

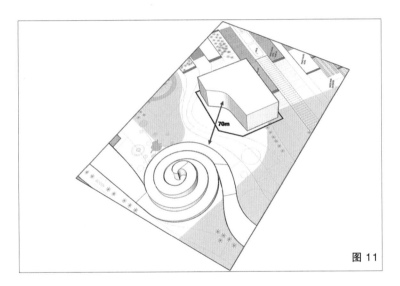

图 11

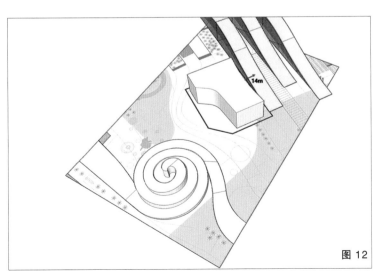

图 12

看看它们俩，明摆着"争奇斗艳"，都不是"省油的灯"。然后规划还要求各个建筑的阴影尽量不影响其他建筑的采光——不就是想要我让步吗？直说好了。但 UNStudio 好歹也算是个腕儿，怎么能甘心在夹缝中求生存呢？既然乱七八糟的条件这么多，那就让这些条件来做方案好了。这可不是在说气话。

条件 1：用周边建筑条件来限制平面轮廓

首先，根据所给地形撑出体量，以保证建筑有正常的容积囊括所需功能。然后，根据周边建筑留出退让距离。西侧的马戏团形态较为突出，为保证有足够的观赏距离，文化中心要相对于马戏团退让 70m 的距离。同理，文化中心还要为东侧的山形酒店留出 14m 的退让距离（图 10~图 12）。

条件 2：用气候条件来打磨形体关系

整个欧洲城位于法国巴黎近郊，常年的主导风向为西南风和东北风。面对来自两个方向的风，设计师在建筑的形体上做了相应的变化。夏季主导风为西南风，为了保证室内良好的通风效果，建筑的迎风面被设计成了诸多百叶。而在侧向上，设计师根据风向将建筑形体处理成了流线型。冬季主导风是东北风，为了遮挡寒冷的空气，设计师在建筑的北侧设置了一个窝风口。

至此，建筑在平面上呈现出一个 Y 形（图 13 ~ 图 15）。

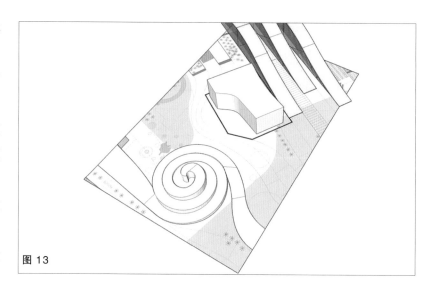

图 13

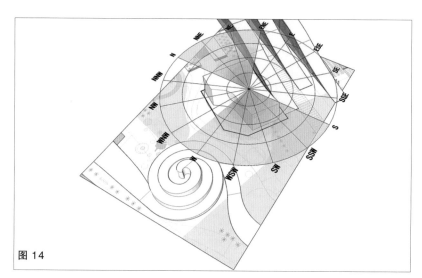

图 14

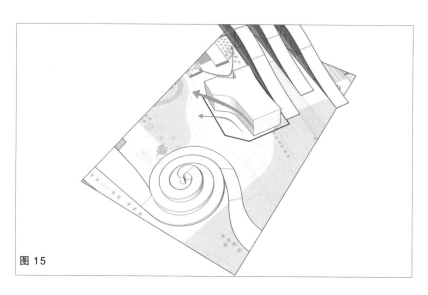

图 15

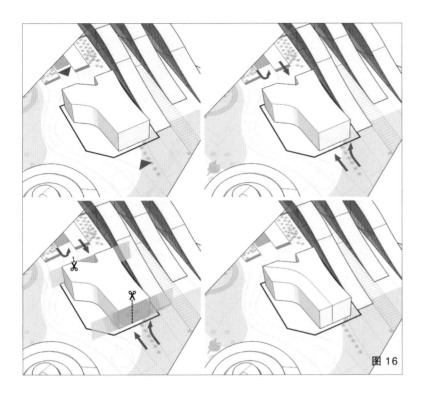

图 16

条件 3：用交通条件来确定建筑形象

人流交通也有两个方向：东北向和西南向。在突破了规划层面的重重限制之后，建筑师终于有了发挥的机会。UNStudio 希望来自两个方向的人流都从两条路径上与建筑产生关系：一条是可以进入建筑内部的，另一条则可以走到建筑的屋顶上俯瞰整个欧洲城，甚至远眺巴黎市中心。因此，需要将建筑东北和西南方向的两个立面做"撕裂"处理，从而分出"进建筑"和"上屋顶"两条路径。

具体操作手法是将 Y 形的体块分成两部分，然后分别对这两部分做相对拉升和降低的处理。这样，被拉升的部分便可以和地面形成入口灰空间，被降低的部分则成了可以上到屋顶的台阶（图 16、图 17）。

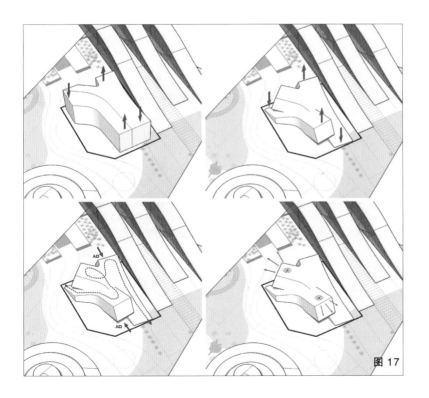

图 17

其实，条件 1 和条件 2 这两步都很好理解，无非就是对场地周边情况的尊重。然而，真正使建筑形体产生质的飞跃的，是建筑师对人流交通的创造性诠释。

我们从鸟瞰图（图 1）中可以很清楚地看到，最初的概念原型就是两部交叉起来的楼梯（图 18）。那么，为什么 UNStudio 会选择用楼梯来组织建筑形式呢？下面，我们就从功能层面做进一步的分析。

隐藏条件：功能叠合（图 19）。

UNStudio 首席建筑师本·范·贝克尔（Ben van Berkel）在对该方案的介绍中说："电影院是隐藏建筑的完美例子。电影院是这样一种建筑物，一旦你走进它，它就会变得不可见。你花了两个小时在一个黑暗的房间里，沉浸在另一个想象的时空之中，然后你离开。这是一种十分有限的用户体验，因此，我们希望创造一种与众不同的观影体验。"

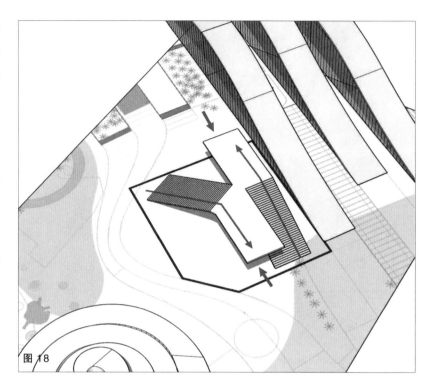

图 18

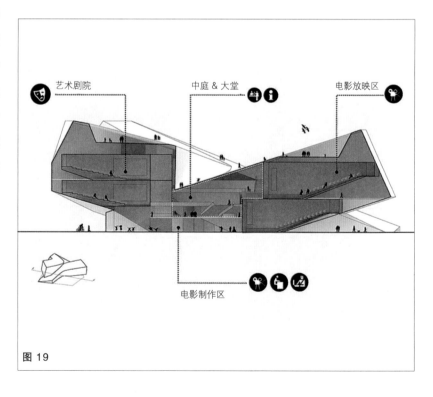

图 19

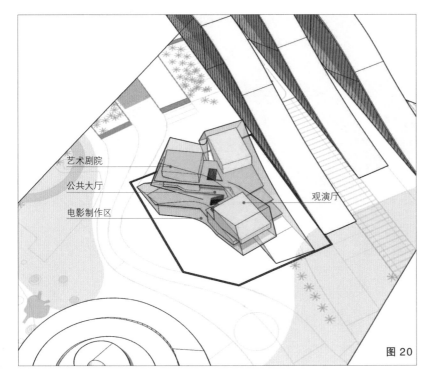

艺术剧院

公共大厅

电影制作区

观演厅

图 20

这栋建筑不只是电影院，还承担了节目策划、媒体制作、电影工作室等外延功能。人们到这里不仅是来简单看个电影，还应该可以体验整个电影制作的过程，而这些功能区都被安排在了放映厅升起的座位下方空间，提高了整体空间的利用率（图 20）。

以楼梯来生成建筑空间相比于墙体和水平楼板这种单纯分割空间的手法来说，具有自带空间过渡的属性，即楼梯本身就是空间与空间的连接结构。一堵墙或者一块楼板可以将一个空间分成两个，而一座楼梯却可以将一个空间分成三个（图 21）。

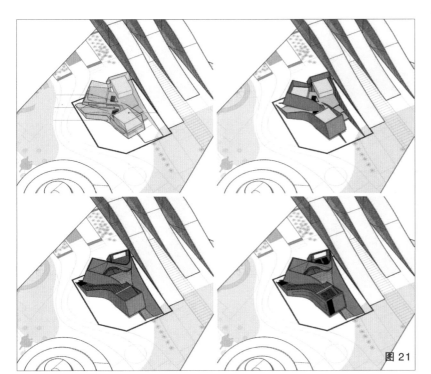

图 21

说实话，哪个建筑师没有在深夜崩溃过？不但报规让人想死，进入施工阶段，可能每天建筑师都想撞死在施工现场的结构柱上。但其实我们心里都明白，创意可以没有门槛，但创作是有门槛的。创意是一个感性的过程，只有最终不得不在理性的环境里体现价值的才是创作。前者决定了建筑价值的上限，后者决定了建筑价值的下限。

轻微想"死"，不如向死而生。

"隐形富豪空间" 寻宝指南

马德里普拉多媒体中心——Langarita-Navarro 建筑事务所

位置：西班牙·马德里
标签：改造，线
分类：媒体中心
面积：6280m²

图片来源：
图 1 ~图 9、图 12、图 13、图 15、图 27、图 41 来源于 https://www.archdaily.com，
其余分析图为非标准建筑工作室自绘。

图1 普拉多博物馆区的丽池宫殿的遗存——王国大厅(Hall of Realms)改造,沿正立面红墙的外部又做了一层仿古的外立面,将历史包裹在立面里,形成一个庭院,入口另开

最近有一个词儿——"隐形贫困人口"火了,建筑师们深深地感到扎心。然而,虽然有些建筑师收入低,可是他们要求高啊。面对空间设计,大刀阔斧地实施,花起甲方的钱来一点儿也不心疼,绝对不手软。更重要的是,有些建筑师还有一项"特异功能",就是能在平凡的建筑里发现那些"隐形富豪空间"。

是的,这些隐形富豪空间一般存在于旧建筑改造项目当中。其实旧建筑改造说白了就像是一款寻找宝藏的联机小游戏(图1、图2)。比如说,一拨人根据藏宝图来到一座小岛,图上显示小岛的很多地方都藏有宝箱。有的人会把整座小岛都保护起来,因为到处都是宝,那小岛也是宝。有的人对宝藏本身不感兴趣,就赶紧举起牌子组织旅游团到此一游。

图2 马德里当代艺术馆——将建筑原地"拔起",紧挨附着在新的建筑结构上,在地下设置入口。旧建筑与新结构组合成一个新的建筑,拥有了一个新的身份

但是，还有第三种人。他们一心就想找宝藏，在小岛里到处开挖，不挖到宝藏誓不罢休。我们今天要拆解的 Langarita-Navarro 建筑事务所设计的马德里普拉多媒体中心就属于第三种情况（图 3）。

从外部看，这是一个不太显眼的建筑，就像马德里的众多老建筑一样。走近看，它又有一点小"心机"（图 4、图 5）。内部空间如图 6 ~ 图 8 所示。而山墙上，设计师还用了一整面多媒体展示墙来激活外部场地，吸引人群（图 9）。

图 3

图 4

图 5

图 6

图 7

图 8

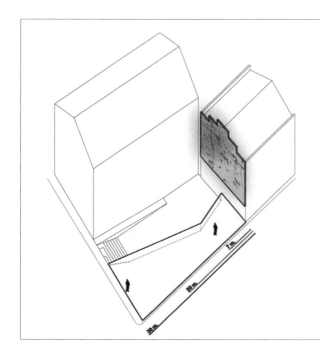

图 9

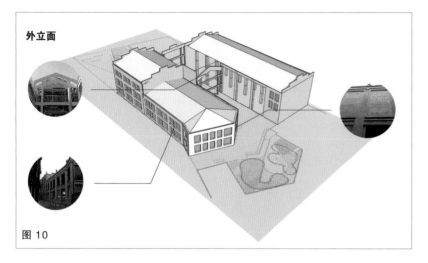

外立面

图 10

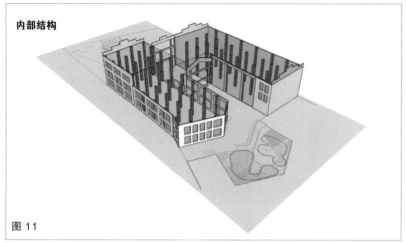

内部结构

图 11

这座建筑其实是由一座破旧的锯木厂房改建而成的，现在用于民间的艺术文化交流。

★划重点：

这就是典型的"隐形富豪空间"。原建筑如图 10、图 11 所示。横看竖看都是柱网规整、空间普通，可怎么一下子就变成了"腰缠万贯"的样子了呢（图 12、图 13）？

图 12

图 13

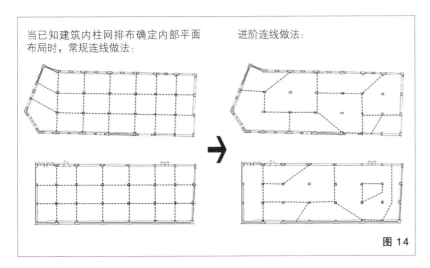

当已知建筑内柱网排布确定内部平面布局时,常规连线做法:

进阶连线做法:

图 14

其实变身的秘诀也不是什么新武器,柯布西耶在 100 年前就告诉我们了,那就是——自由平面(图 14)。说得通俗点儿就是建筑师就着原来建筑的柱网在里面又盖了一个新"建筑"(图 15)。相对于旧建筑改造中常见的新建筑套旧建筑的手法,这里反其道而行,在旧建筑里面套了一个新"建筑"。

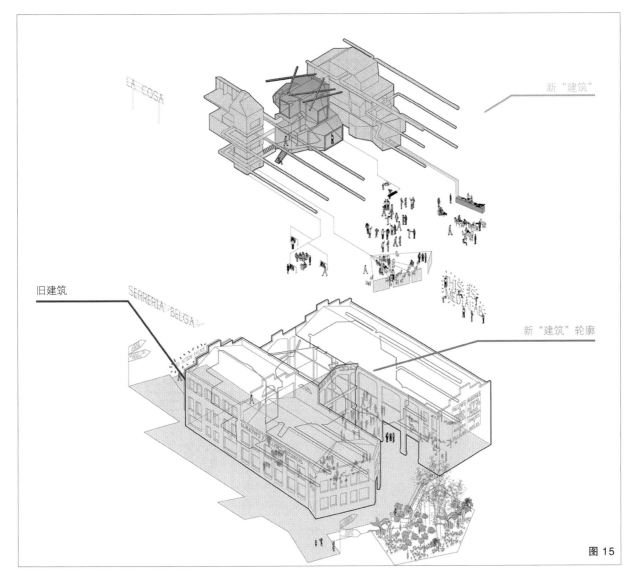

新"建筑"

旧建筑

新"建筑"轮廓

图 15

操作步骤：

1. 确定整座建筑的层数（图16）。
2. 在每一层柱网之间重新自由连线，形成新的功能体块。

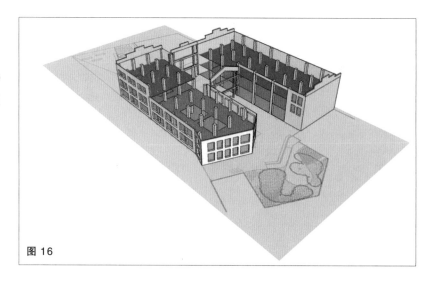

图 16

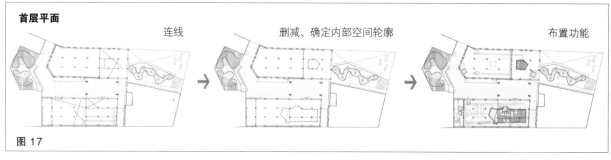

首层平面

连线　　　　　　删减、确定内部空间轮廓　　　　　布置功能

图 17

先是首层自由连线（图17、图18），然后是二层自由连线（图19、图20），最后是三层自由连线（图21、图22）。

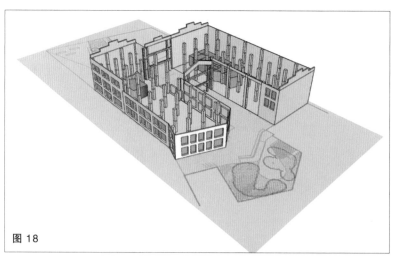

图 18

二层平面

连线　　　　　　　删减、确定内部空间轮廓　　　　　　布置功能

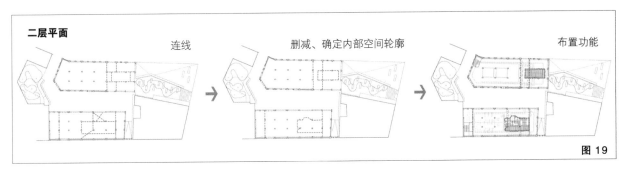

图 19

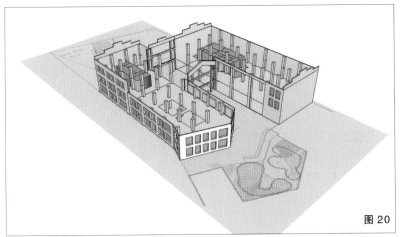

图 20

三层平面

连线　　　　　　　删减、确定内部空间轮廓　　　　　　布置功能

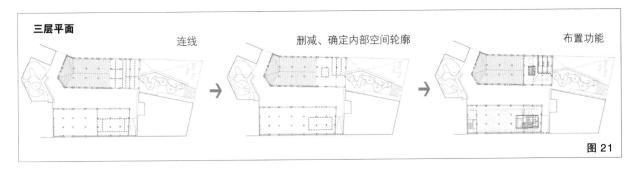

图 21

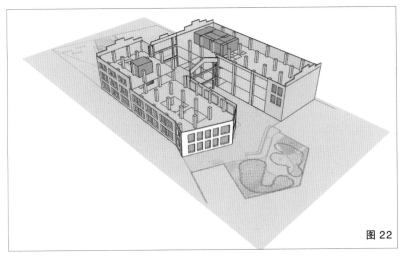

图 22

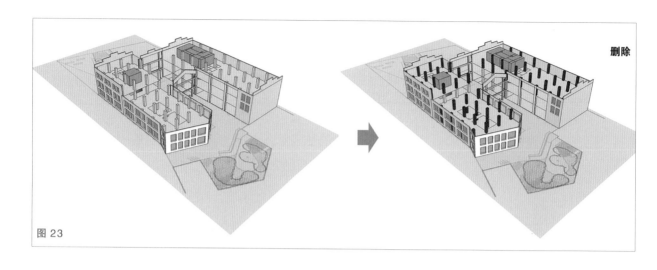

图 23

3. 根据新的功能分区将所需大空间内的柱网去掉（图 23、图 24）。

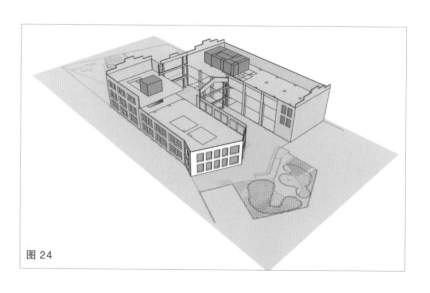

图 24

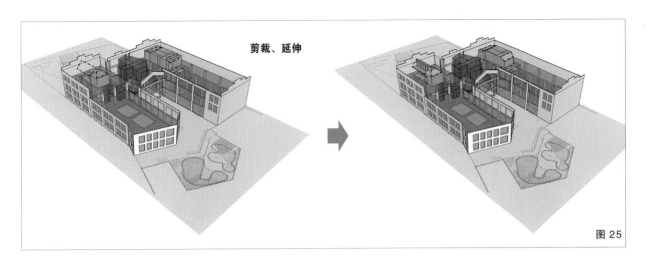

剪栽、延伸

图 25

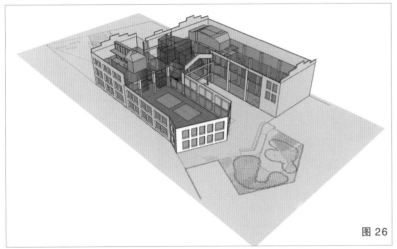

图 26

4. 根据原有建筑屋顶和天花的形状调整新加入的体块形状（图 25 ～ 图 27）。

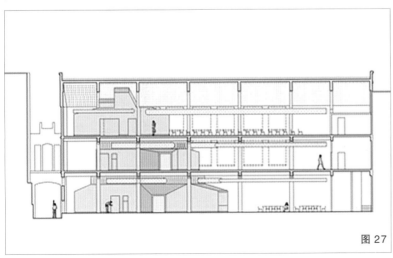

图 27

至此，通过柯布西耶传授的自由平面大法，新"建筑"的空间格局已经具备了雏形（图 28、图 29）。

下面，我们要讲柯布西耶没教过的内容了。

通过柱网间的自由连线，不但能连出新的平面形式，还能连出新的交通体系和空间流线。

首先是内部交通的重建（图 30），其次是两个新建功能体块之间的交通重建。与平面的自由连线法相似，这里也是在每一层根据不同的人流方向画线生成楼梯梯段。

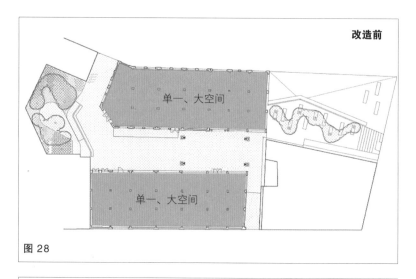

改造前

单一、大空间

单一、大空间

图 28

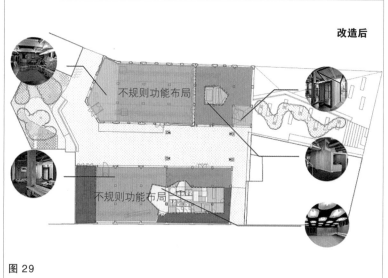

改造后

不规则功能布局

不规则功能布局

图 29

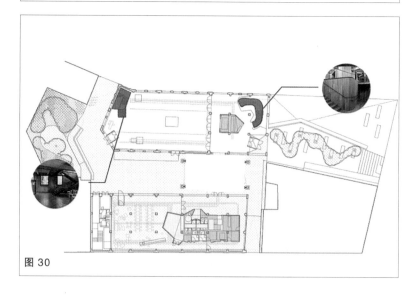

图 30

首层交通连线如图31、图32，二层交通连线如图33、图34，三层交通连线如图35、图36。

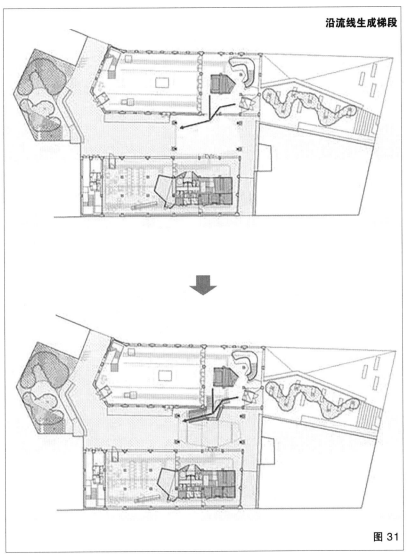

沿流线生成梯段

图 31

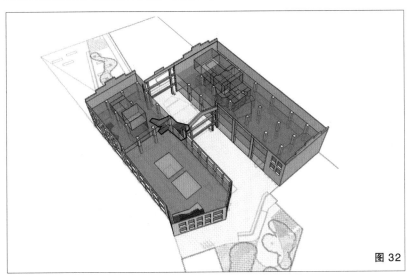

图 32

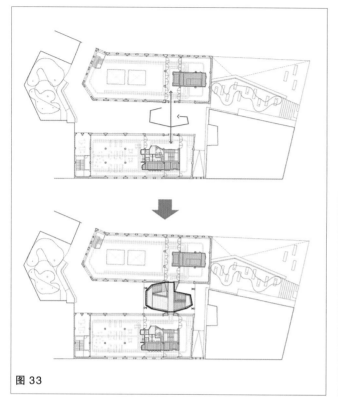

图 33

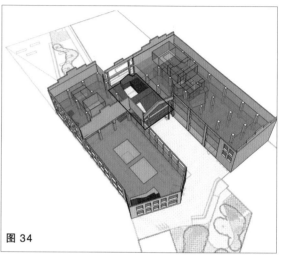

图 34

沿流线生成梯段

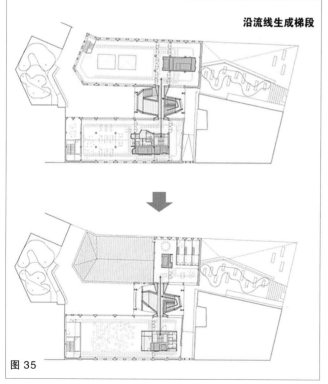

图 35

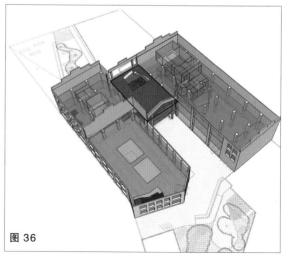

图 36

改造后内部空间的流线由有序向无序发展（图37）。

最后，根据自由流线的交通体所确定的建筑形态自然也是自由而复杂的了。

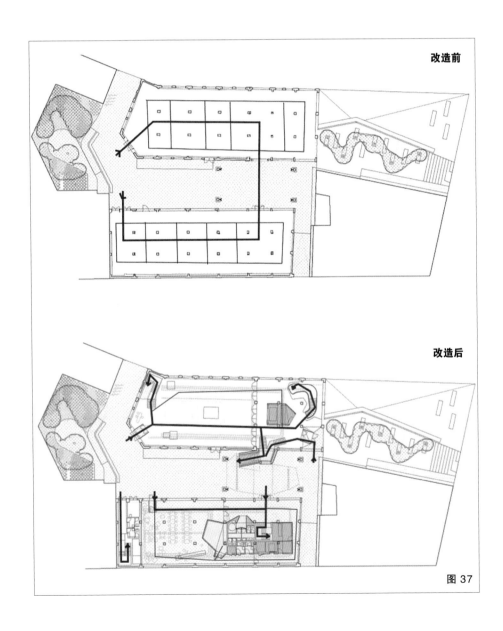

改造前

改造后

图37

首层交通体形成建筑形态如图 38。

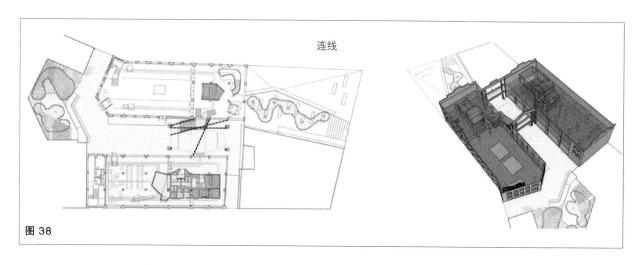

连线

图 38

二层交通体形成建筑形态如图 39。

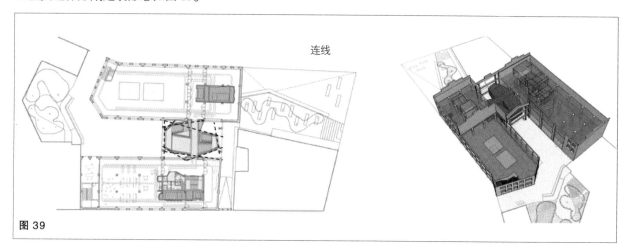

连线

图 39

三层交通体形成建筑形态如图 40。

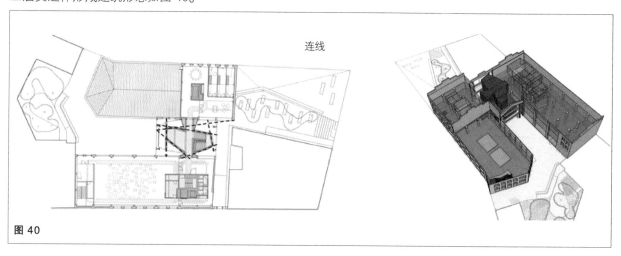

连线

图 40

图 41

大功告成！"富豪"登场（图41）！

总有同学会问：什么样的手法过时了？什么样的手法最时髦？通过今天拆解的案例大家应该明白了，没有过时的手法，只有过时的思维。

"自由平面"这个手法自提出起都快100年了，你说这是过时还是没过时？然而，即使在100年后的现在，你眼中的框架结构依然是固定的方盒子模式，而柯布西耶在100年前就能跳出框架的禁锢，让思维自由飞翔。不用怀疑，柯布西耶这种人放到哪个时代都是先锋和开拓者。所谓手法，归根结底是为建筑服务的；而建筑，归根结底是为人服务的。

怎样用公建的"套路"做个住宅

退伍军人保障房——Brooks + Scarpa 建筑事务所

位置：美国·洛杉矶

标签：低预算住宅，公建

分类：住宅

面积：3700m²

图片来源：

图 6、图 7，图 10，图 15 ~ 图 18 来源于 https://www.archdaily.cn/cn/877482/the-six-gong-yu-lou-brooksplus-scarpa-architects，其余分析图为非标准建筑工作室自绘。

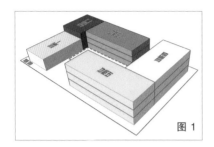

图 1

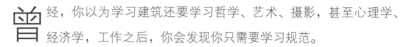

图 2

图 3

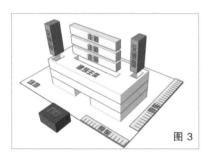

图 4

图 5

曾 经，你以为学习建筑还要学习哲学、艺术、摄影，甚至心理学、经济学，工作之后，你会发现你只需要学习规范。

曾经，你以为设计建筑是设计博物馆、美术馆、影剧院、图书馆或者大商场，工作之后，你会发现你只需要设计住宅。

唉！

其实，建筑界的"套路"说起来也很简单：世界上只有两种建筑——公建和住宅。公建意味着风险大，但中标就意味着名利双收，建筑师有设计热情；住宅意味着挣钱多，但条条框框一大堆，干起来没意思。所以，建筑师的基本"套路"是：干住宅养家糊口，干公建实现追求。

再往下说，就是公建有公建的"套路"，住宅有住宅的"套路"。比如说做公建，基本"套路"就是先挖个中庭，再围绕中庭排功能（图1），然后再自己发挥一下立面、造型什么的，差不多也就做成这样（图2）。如果是住宅呢，就更简单了——拼好户型垒上去，再插个交通核就能收工了（图3、图4）。

但是，这年头甲方也越来越精明，有的甲方自诩为建筑设计爱好者，咱们的这些小心思人家也清楚。所以，重点来啦！同学们，在你的"套路"已经"撩"不到甲方的情况下，难道你就没想过把"套路"升级换代？比如，从最简单的做起，用公建的"套路"做个住宅。

什么？你在逗我吗？你的意思是让我弄个这样的住宅出来（图5）？不不，毕竟在现实世界里，"土豪"并不多，扎哈也只有一个，更何况我们还得老老实实控制造价，让设计符合规范。所以，我说的升级"套路"就是为了让你满足甲方要求的。比如，做出图6这样的经济适用房。

这座建筑位于美国加利福尼亚州，主要为残疾退伍军人提供家庭住宅、后勤和康复服务。预算很低，只有 240 美元 /m²，折合成人民币大概是 1600 元 /m²，而一般住宅项目每平方米的预算差不多在 2000 元人民币以上。

奇迹是怎样诞生的呢？用的就是"套路"升级版——用公建的"套路"做住宅！

上面我们已经说过，住宅建筑是将建筑实体作为重点，公共空间、交通空间只是作为住宅的附属空间，而公共建筑则是将公共空间作为重点，众多功能以公共空间为核心进行布置（图 7）。

图 6　　　　　　　　　　　　　　　　　　　　　　　图 7

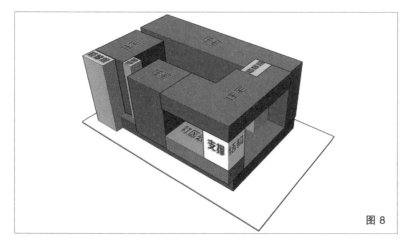

图 8

该项目的建筑师就是用公建的思路来布置这套经济适用房的（图 8 ～图 10）。

采用公建思路的目的就是解决经济适用房预算低且缺乏公共空间的问题。其优势有 3 个。

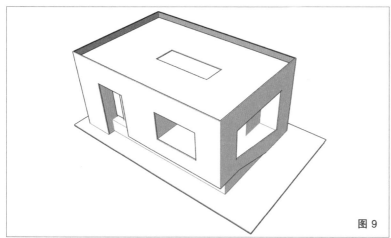

图 9

图 10

优势一：节约土地

住宅建筑不得不面对停车问题，但经济适用房的场地一般都比较紧张，做地上停车场太占面积，做地下停车场又太费钱。该项目的建筑师将停车场放在地面一层，人们从二层进入建筑，同时一层的屋顶作为开放性的庭院，极大地节省了土地面积（图11）。

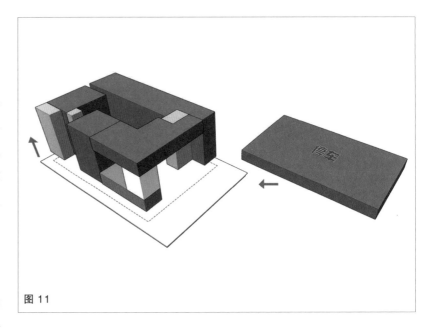

图 11

优势二：节能

经济适用房的预算低，住在这里的残疾退伍军人的收入也有限，设计师通过被动式节能的策略，尽量降低建筑后期的运行成本。

1. 自然采光

加利福尼亚州西部沿海地区属于地中海气候，夏季炎热干燥，冬季温和多雨。建筑通过中庭解决了部分采光问题，同时在东侧开了一个大一点儿的洞，进一步增加自然采光；在南侧开了一个小一点儿的洞，使南向光线直射后形成漫反射；而在西侧和北侧均是小窗，减少了建筑能耗，同时避免西晒（图12）。

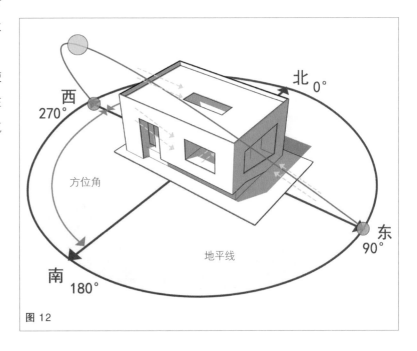

图 12

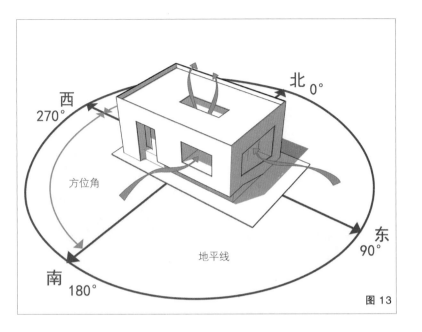

图 13

2. 自然通风

中庭的天井和东南西侧的两个洞口形成了一个自然通风系统（图 13）。

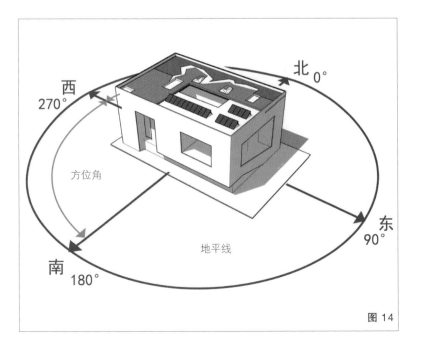

图 14

3. 屋顶隔热和太阳能光伏组件

屋顶承受的直射光是最强烈的，建筑师在屋顶种植了可食用植物，并通过木质铺装，进一步增加公共活动场所的同时，达到了屋顶隔热的效果。屋顶局部布置了太阳能光伏组件，充分利用了可再生能源（图 14）。

优势三：营造公共空间

该建筑的核心是一个中空的庭院，庭院位于首层的屋顶。前面我们说过，这是为了解决停车的问题，但这并不是一个无奈之举。庭院置于停车层的屋顶，使庭院与外部街道在空间上分离，但在视觉上仍连为一体，在获得外部景观的同时，也更有安全性。

建筑师在庭院内设置了两处景观：一处位于庭院正中，起到美化环境的作用；另一处位于入口，住户从首层围绕景观盘旋而上，抵达屋顶平台（图 15 ~ 图 18）。

图 15

图 16

图 17

很多时候,我们面对失败,总觉得是因为自己不够好,会的技能不够多,恨不得身边有个从天而降的哆啦 A 梦,分分钟用百宝袋扫平一切障碍。而事实上,不是我们会的不够多,是我们根本不会用。

从小学到大学,我们不停地学习各种知识、技能,可很少有人告诉我们到底应该怎样去使用这些知识和技能,唯一能确定的用法大概就是参加考试了。一旦我们走出校门,不再需要考试,那些因考试建立起来的自信就会瞬间坍塌,单位里随便一个人的质疑都会让你面红耳赤、惴惴不安。同学们,出来混,有错就要认,挨打要立正,不会用就要学着用!你的武器不是你寒窗苦读的专业知识,更不是你连猜带蒙得来的考试成绩,而是支撑你从小学走到大学的学习能力!

想当年你学个公式 $G=mg$,就能算出人造卫星绕地球运转的角速度,现在怎么能换个"套路"就不会做方案了呢?

图 18

你做过的每件事，
在设计里都不会浪费

杜伦大学奥格登中心——Libeskind 建筑事务所

位置：英国·达勒姆

标签：折叠

分类：教育建筑

面积：2478m²

现在的工具越来越发达，操作也越来越简便。很多学院派坚持的设计过程也渐渐被发达的工具简化了。什么功能泡图、手工草模早就被抛到脑后，甚至连手绘草图也是能省就省。多少建筑师已经习惯了上网找找图片，然后就开始用 SketchUp 的设计步骤——只要别太有"偶像包袱"，一天搞定三两个方案不成问题。

学校里老师教的那套真的过时了吗？这个问题大概不能用过不过时来回答。我只能告诉你，你做过的每件事，在设计里都不会浪费。比如，设计最初的手工草模就已经被很多年轻建筑师定义为不懂电脑的老一辈们才会用的原始方法——有这个闲工夫，多少个 SU 体块拉不出来？然而事实上，用什么材料来推敲草模基本已经决定了方案最终的设计策略——玩功能还是玩空间，设计说明上的长篇大论说了不算，想当初随手玩的泡沫或是纸片已经暴露了设计师潜意识中的设计倾向（图 1）。对了，泡沫和折纸就是现在"江湖"上公认的两大草模"门派"。喜欢用泡沫其实就意味着希望通过功能来控制设计，泡沫（也包括木块、橡皮泥等）能提供的是最为直观的体量感和功能关系（图 2）。MVRDV、BIG、OMA 等公司都深谙此道。而选择折纸则是更着意探讨通过边界或流线控制"空"的部分。纸的优越性在于无论怎么折，展开后依然是一张纸，符合完形原理，也就意味着符合潜在的审美标准。

图 1

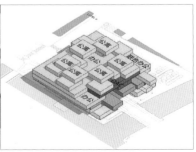

图 2

下面就给大家着重讲讲"折纸大法"。

我们要拆解的这个案例是杜伦大学奥格登中心（图3、图4）。这座面积
仅有 2478m² 的小型建筑位于英国杜伦大学（又译作达勒姆大学），由
丹尼尔 • 里伯斯金的 Libeskind 建筑事务所设计。这里包含了作为世界
顶尖宇宙学研究群体的计算宇宙学研究院（ICC）、星系天文学中心（CEA）
和先进仪器中心（CFAI）。

图 3

图 4

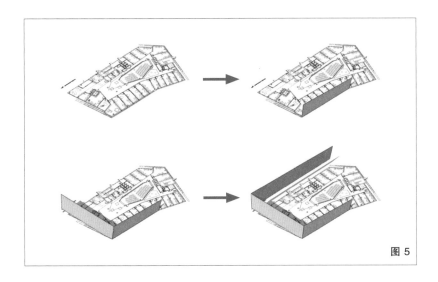

图 5

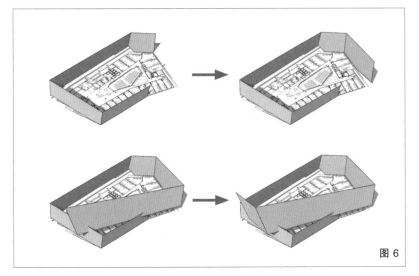

图 6

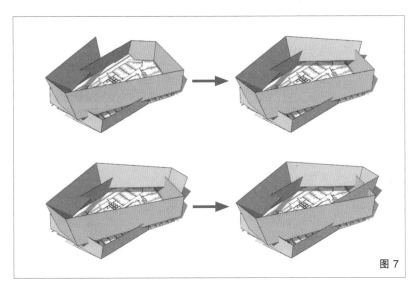

图 7

这个配置听起来就很厉害的样子，然而当我们试图"抡起大锤"来拆解这座小型建筑的时候，锤子却仿佛被抡到了空中。当我们看到基于人视点的几张图片时，很自然地觉得它是以体块的堆叠、穿插的手法获得的建筑体量。而当我们把资料搜集全，开始全面拆解的时候却发现，它的建筑体量来源于"折纸大法"。详见过程图（图5～图7）。

没错，就是折纸。虽然你折不出来，但不代表就没有高手能用"折纸大法"折出炫酷的建筑模型来啊。而这个高手就是曾经出场过的丹尼尔·里伯斯金老师。

我们说过,里伯斯金老师是一个"造词"高手,而在其创造的众多建筑词语当中,"折纸"是一个较为常用的词语。例如,位于美国康涅狄格州的 18.36.54 住宅(图 8)、英国维多利亚与阿尔伯特博物馆扩建竞赛方案(图 9)、丹佛艺术博物馆扩建(图 10)。那么,问题就很明显了:为什么里伯斯金老师就能折出来酷酷的建筑呢?

恐怕是因为我们陷入了两个误区:第一,我们随手拿过来的纸片本身就是经过人为加工的,大多数都为矩形,而当我们试图用规则形状的纸片进行创作时,基本上就很难摆脱纸张原有形状的束缚。比如,当我们需要折出一个连续折叠空间时,往往会下意识地撕一条等宽的长纸条。好了,在一个已经具有很强的局限性的纸条上,我们还能发挥出多少创造力呢? 即使强行加特效使其变成建筑,也终是不能令人信服的(图 11)。

第二,我们有一个惯性思维,在折纸的过程中,总是不自觉地为每个折叠之后所获得的平面赋予功能属性——地面、墙体、屋面等——从而就会不自觉去遵守地面是

图 8　　　　　　　　　　　　　　图 9

图 10

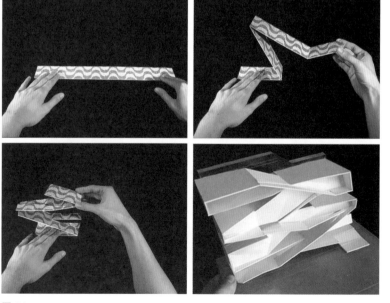

图 11

平的，墙体不能过于倾斜等规则（图12）。这么麻烦还不如去用 SketchUp 呢，是不是？

再来看里伯斯金老师的"折纸大法"：首先，我们将其作品的立面展开就会发现，展开面并不是一个规则的纸片，但里伯斯金老师不可能事先在一张纸上画出这些不规则的形状，再剪下来折叠，进而形成最终的建筑形态。因为在纸上画图形的时候根本没法预测纸张折叠后所产生的形态。因此，这个通过折纸的手段来获得建筑形态的过程应该不在设计之初。举个例子，图13所展现的丹佛艺术博物馆的概念演示中，官网上发布的看图顺序是（1）（2）（3）（4），而实际的看图顺序应该是（4）（3）（2）（1）。也就是说，折叠其实是个假动作，而真正的动作是展开。其次，里伯斯金老师在"折叠"的时候，应该不会赋予纸张任何的功能属性，而只把它看作是建筑内外的边界。这样，在创作的过程中，就可以轻装上阵，为创造出一个富有动感和冲击力的造型而努力。

综上所述，我们折了10千克的纸也折不出一个酷酷的建筑的主要原因就是：第一，我们选错了折纸的时机；第二，我们想错了折纸的目的。明白了这两点之后，我们开始正式"拆房"。

屋顶
墙体
地面

图 12

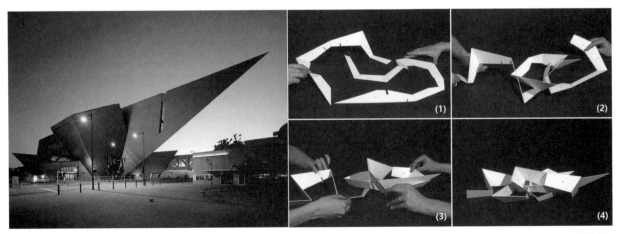

(1)　(2)　(3)　(4)

图 13

第一步：好好排功能

杜伦大学奥格登中心要容纳80多个独立的研究室，为研究者提供良好的研究环境。同时，为了满足研究者之间非正式研讨的需求，在处理完建筑与场地的关系之后，里伯斯金老师用一个简单的"回"字形平面组织起了功能。外围空间用来作研究室，中间的中庭空间则被用来交流（图14、图15）。

这一点连建筑学"小白"也可以做到，而我们与大师之间的差距在于我们不知道采取怎样的方法能够让这个形体更加丰富，同时还能带来意想不到的收获。

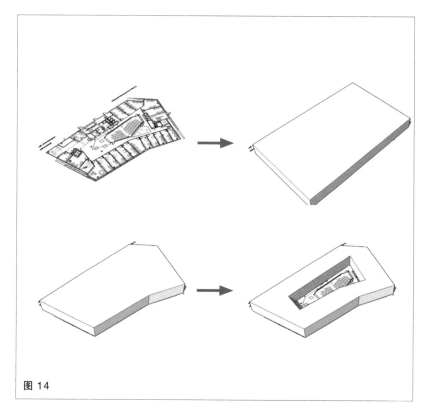

图 14

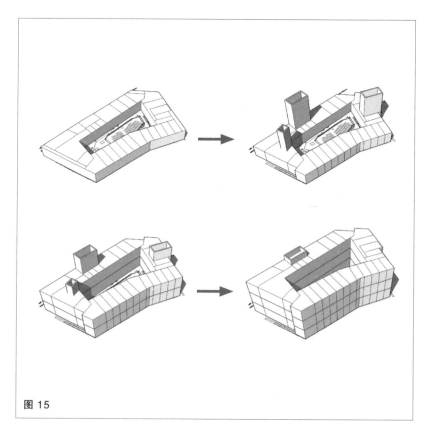

图 15

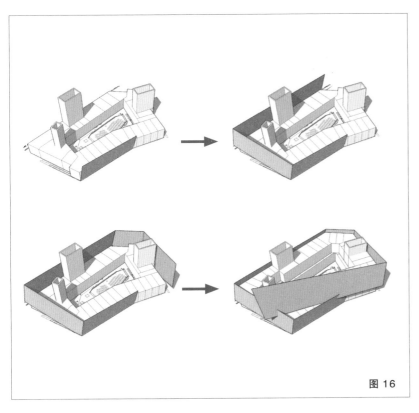

图 16

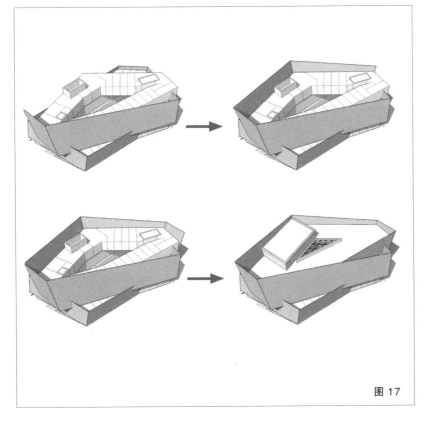

图 17

第二步："折纸大法"正式登场

有了满足功能的基本体量之后，才可以正式开始使用"折纸大法"（图16、图17）。

折纸的总体趋势是从低到高向上盘旋，沿着平面轮廓将功能包裹其中。而在逐级向上盘旋的过程当中，折纸还呈现出了错动和咬合两个特点。

错动带来的好处是，在逐渐向上盘旋的过程中，逐层地改变各层平面的形态。三层功能体块并不是简单地向上罗列，而是出现了形态各异的阳台空间。

咬合更多是使由纸片围合出来的空间更加具有实体感，这也是在之前所提到的，为什么在人视点上会感觉杜伦大学奥格登中心看起来更像由体块堆叠出来的一样。

因此，盘旋、错动、咬合可以说是里伯斯金老师折纸的三大特点。盘旋是为了用折纸的手法将建筑包裹起来，从而获得一个视觉感受上完整的体量。错动是为了在保证相对完整的体量基础上，得到惊喜元素。这也是里伯斯金老师折纸作品中最具魅力的地方。在 18.36.54 住宅（图 8、图 18）中，由于盘旋的方向是横向的，因此，错动的部分就形成了建筑独特的开窗方式。而英国维多利亚与阿尔伯特博物馆扩建竞赛方案（图 9、图 19、图 20）这个作品则通过错动形成了观众仰望天空和俯瞰城市的独特视角。咬合是为了让建筑更具有实体感，也是为了让被纸片包裹的内部空间保持连续性。否则，空间将支离破碎。

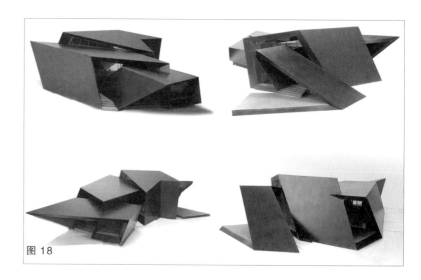

图 18

图 19

图 20

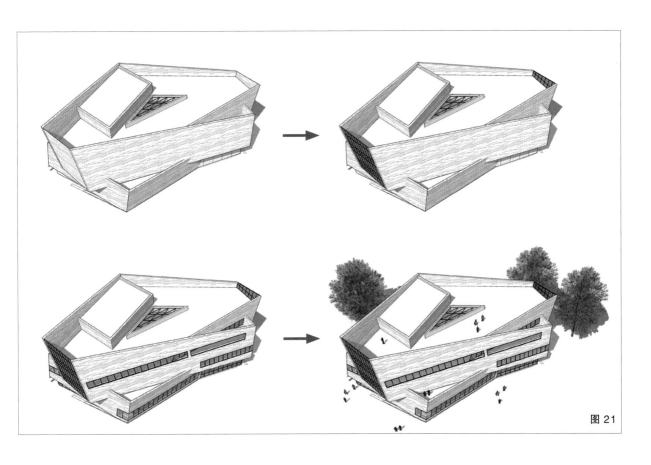

图 21

那么，里伯斯金老师的"折纸大法"（图21），诸位看懂了吗？

设计过程应该是一个持续不断地思考的过程，而不是按部就班的劳动过程。先进的工具可以代替或减少重复的劳动，却不应该代替或简化对设计任务的思考。当我们认为一种设计手法行不通时，往往不是手法的问题，而是我们的问题。方法并无优劣，关键在于如何去运用。

再高级的工具也只是工具，而设计是智慧的凝结，包括用智慧选用合适的工具与合适的方法。我们要借用工具放飞思维，而不要被工具禁锢想象。

你不喜欢我的方案？
那请你好好反省一下

哥本哈根 Ku.Be 文化运动之家——MVRDV 建筑事务所

位置：丹麦·哥本哈根

标签：体块，空间

分类：活动中心

面积：3200m²

图片来源：

图 1 ~图 3、图 11、图 14 ~图 18 来源于 http://www.archdaily.cn/cn，

其余分析图为非标准建筑工作室自绘。

各位甲方，如果你们不喜欢我的方案，请你们好好反省一下！你又要好看的皮囊，又要有趣的灵魂，还不想多花钱，可您老人家自己的生活看起来就是一板一眼的，您确定真的知道什么叫"有趣"的灵魂吗？

比如，我给您看图 1 中的方案，您一定觉得相当一般是不是？说不定还要顺便质疑一下我的审美能力和构图水平。如果我再拿图 2、图 3 的方案给您看呢？您是不是就会觉得很有趣了呢？但即便如此，还是要拿出很有经验的"范儿"告诫我：年轻人做方案有想法是好的，但一定要收住，不要做外形奇奇怪怪的建筑。

图 1

图 2

图 3

拜托，这两个根本就是一个方案啊！都是 MVRDV 设计的哥本哈根 Ku.Be 文化运动之家。它的设计要求呢，就像各位甲方经常要求的，听起来很简单但其实特别不靠谱——建造一个能够吸引人们到来，并且提高他们生活质量的建筑。说白了，这个要求就是——其实我也不知道想要什么，但希望你们能猜中连我自己都不知道的那个心思，当然最后方案好不好就要看我的心情啦。

反正也猜不中，那就不用猜了。各位自由发挥吧——只要你能发挥好。MVRDV 无疑为这个无聊的要求注入了一个有趣的灵魂。这些意料之外但又情理之中的空间肯定不是甲方的想法。那么我们就来看看 MVRDV 是怎么"放飞"有趣的灵魂的。

为了让不同年龄、不同能力、不同兴趣的人都能被这座建筑所吸引，都愿意来这里玩，MVRDV 提出一个将多种功能融合在一个空间中的综合体方案——运动场地、剧院和学习中心等功能空间交织在一起，设计一个全民都可以来释放脑力和体力的活动中心。

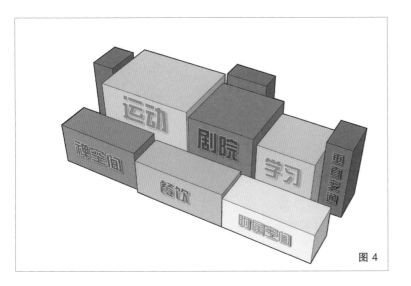

图 4

第一步：确定功能块（图 4）

运动场地、剧院和学习中心是主要的三大功能空间，外加为瑜伽、冥想等相对安静的活动提供场地的禅空间，剩下的就是餐饮空间、垂直交通核以及更衣室、卫生间等配套设施的附属空间。

我们先来看看普通做法（图 5）：三大功能既相互独立又紧密联系。这个做法没什么错，错在什么也没做。

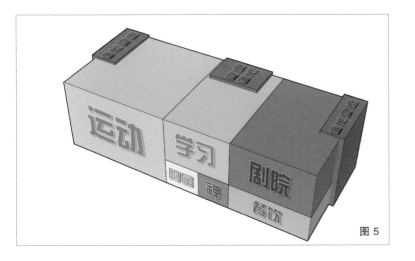

图 5

再看看"网红"大都会（OMA）建筑事务所的做法（图 6）：先将功能块打碎，再用叠合和环形交通等方法将功能块联系起来。但是，这个有如"开挂"般的手法没办法用在我们这个"轻量级"小型建筑的身上。那么，MVRDV 究竟是怎么做的呢？

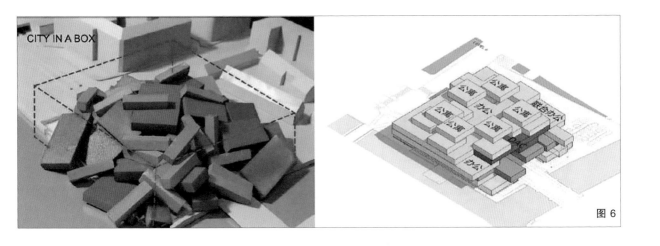

图 6

第二步: 功能块的私人定制（图 7）

为什么不同的功能都要用一样的空间形式呢？如果不一样的话，岂不是更有趣吗？建筑就像一盒巧克力：在打开门前，你永远不知道这房间是干什么的（除非门口有个牌子）。所以 MVRDV 为每个功能空间定制了专属的模式。图中不同的形状和颜色表明了它们各自拥有独特的功能。但这些功能为什么要设计成奇奇怪怪的形状呢？一个原因可能是为了更好用，比方说，禅空间设计成圆形，这样更有利于冥想等活动的开展。当然，还有其他原因，我们会在下文具体说明。

第三步: 组合和修剪

将定制完的功能块合理地摆放到建筑基地中（图 8），然后将超出基地盒子范围的部分切掉（图 9）。最后，立面与功能块相接的地方是实墙，空的地方是玻璃，再加上门和窗，建筑就做完了（图 10）。

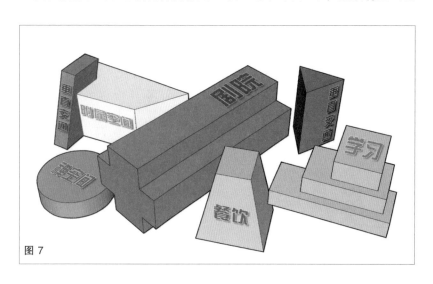

图 7

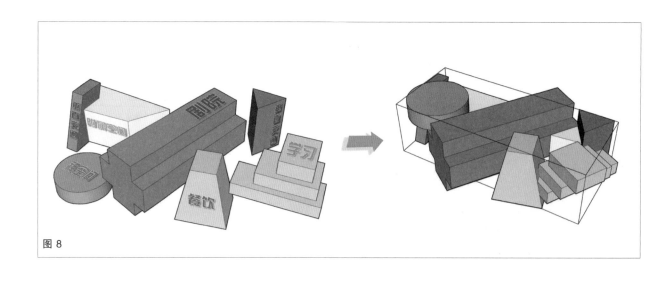

图 8

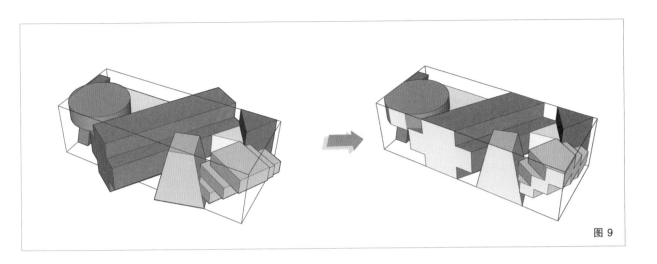

图 9

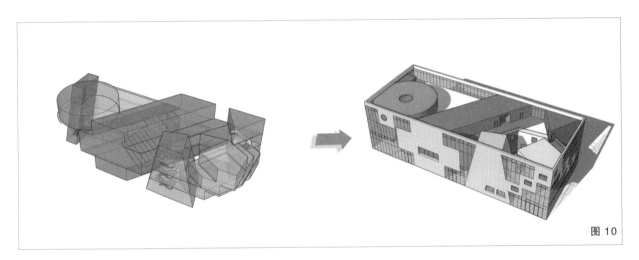

图 10

图 11

可以看出，这个拥有奇特开窗形式的立面是进行空间设计后的副产品，人们在进入这座建筑前，就可以看到内部不同形体的空间（图1、图11）。

等等，说好的运动场地呢？怎么从第二步就神秘消失了呢？

第四步： 运动空间去哪了

运动空间是在第二步"功能块的私人定制"中神秘消失的，但其实MVRDV也对运动空间进行了定制，只不过定制发生在第三步——组合和修剪（图12）。

第三步中，功能块为什么要这么摆？其中一个主要的原因便是运动功能块的定制（图13）。之前被我们忽视的"剩余空间"就是曾一度神秘消失的运动空间。你现在是不是明白各个功能块为什么被定制

成现在这种奇怪的形状了？其中一个原因就是为了塑造运动空间的多样性（图14～图17）。

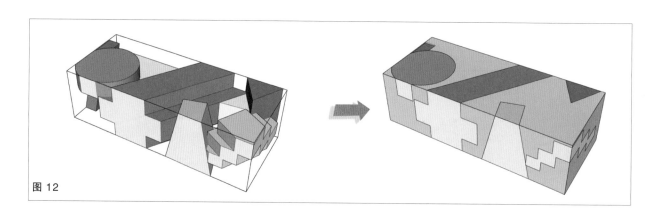

图 12

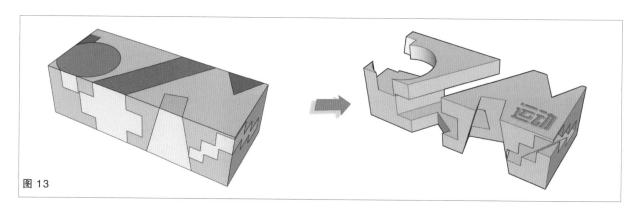

图 13

图 14

图 15

图 16

图 17

图 18

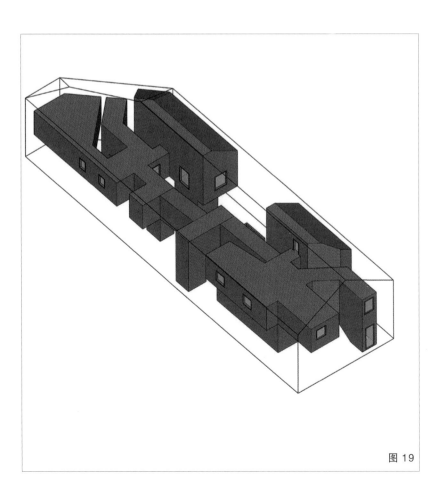

图 19

这种设计手法和一座名叫"Casa dos Cubos"的建筑很像（图18）。这座建筑的功能没有文化运动中心复杂，所以仅需要将展览等公共空间和艺术家工作室等私密空间分开就行。黑色的是私密的艺术家工作室，框架内白色的"剩余空间"便是展览等公共空间（图19）。其实，这座建筑的展示空间和文化运动中心的运动空间都是一个完整的空间，并没有被其他功能空间分割，空间相互交叉但并没有融合，各自独立但又不失联系。这种方式无疑增加了空间的多样性和复杂性，为用户提供了多样的感官体验，对运动空间来说，甚至提升了活动场所的趣味性与可探索性。在这里你可以自己决定你的探索方式：攀、爬、滑或者跳。

所以，有时候取不取悦甲方也不是那么重要，姿态再低，也换不来真心，唯有才华，方配得上欣赏。最重要的是，我们真的能够给方案注入一个真正有趣的灵魂。如若这样，甲方还不满意，那就请他们好好反省一下。而我们有趣的灵魂与我们有趣的方案，值得拥有一个更好的甲方。别人不喜欢我们和我们的方案，这很正常，我们要学会习惯，而不是学会讨好。

致那个"口是心非"的建筑师

韩国首尔东大门设计广场——扎哈·哈迪德建筑事务所

位置：韩国·首尔

标签：场地，非线性

分类：综合体

面积：86 574m²

图片来源：

图1、图2、图12来源于 https://www.gooood.cn/，图3、图4来源于 https://seoulsolution.kr/，

图6、图7、图13来源于网络，其余分析图为非标准建筑工作室自绘。

你大概猜到了我要说谁。她是建筑系老师的噩梦，女建筑师的偶像，男建筑师的心结，以及所有建筑师的参考资料，我们习惯称呼她为 "女魔头"。她就是扎哈·哈迪德。

扎哈女士最著名的言论大概就是："我不相信和谐。什么是和谐？跟谁和谐？如果你旁边有一堆屎，你也去效仿它？就因为你想跟它和谐？"这句话不知道被多少自诩高冷的建筑男女拿来给自己奇奇怪怪的方案做挡箭牌，得到的唯一不同的结果就是甲方和你说 "不"。这是因为，你只看到了 "女魔头" 扎哈，却忘了她还是女人扎哈。扎哈有着女人常有的 "口是心非"，她嘴上喊着 "决不妥协" "不要和谐"，冷酷坚硬得仿佛千年冰山，却在实际工程中像个知心姐姐一样解决每一个使用者的问题，比如，曾经在韩国首尔东大门设计广场（简称 DDP）（图 1、图 2）项目中遇到的那些问题。

这个号称世界上规模最大的非线性建筑，自然是哈迪德女士职业生涯中的光辉象征。如此庞然大物似天外来客降落在首尔城中，世人只认为这又是"女魔头"扎哈的恣意妄为，却不曾见到建筑师哈迪德女士的苦心孤诣、匠心独运。

图 1

图 2

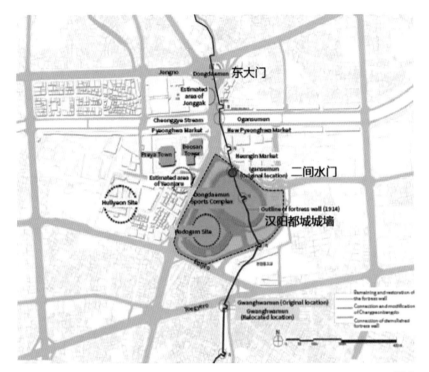

图 3

第一个人，首尔市市长

市长先生给哈迪德女士解释了这个项目的源起："韩国古汉阳都城的城墙曾穿过这片地。20世纪初，东大门附近的这段城墙被拆毁，建成了韩国第一座现代综合运动场 —— 东大门运动场（图3）。后来，东大门运动场逐渐被冷落，连带着周边地区都逐渐沦为贫民区。但令人意想不到的是，东大门地区的时尚和制衣业不断自发生长，自力更生地成为首尔最大的商业中心之一。"

衰败的东大门运动场与蒸蒸日上的服装产业发展格格不入，所以振兴这片区域的经济迫在眉睫（图4）。所以，哈迪德女士首先面临的问题是，既要保护这块复杂的历史文化遗产，又要将这座大型服装批发市场变成城市的时尚设计中心。但是，在解决这个问题之前，哈迪德女士还要去见另一个人。

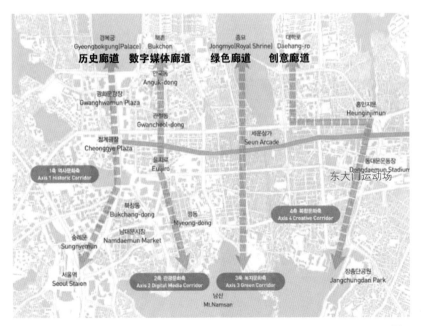

历史廊道　数字媒体廊道　绿色廊道　创意廊道

图 4

第二个人，古城墙修复与保护专家

专家很负责任，他帮哈迪德女士简单梳理了一下这块地的历史：古城墙→（拆毁）→东大门运动场→（衰落）→服装批发中心。

要修复古城墙，东大门运动场就必须拆，因为城墙的一部分被埋在运动场底下了。好吧，你是专家你先来挖。没想到这一挖还挖出了城墙附近的军事遗址和建筑遗址等许多遗址。怎么办？

专家可怜巴巴地看着扎哈。行，都给你保护了。于是，知心姐姐哈迪德女士便针对这些遗址，以古城墙为界做了历史文化公园（图5），而且，还把古城墙保护得很完美。

1. 自拍胜地——玫瑰灯花海

公园中的玫瑰灯花海其实是古城墙的保护屏障，使来访者与城墙保持着礼貌的距离。历史在扎哈手中以一种全新的展陈方式，得到了人们的铭记与尊重，并留在了每个人自拍照的背景里（图6）。

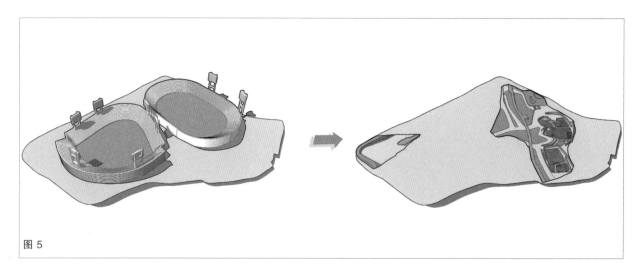

图 5

图 6

2. 在原运动场内发掘出的遗址

原运动场改造过程中发掘出的遗址被保留在原来的位置,并建了和谐广场,即DDP入口处的下沉广场,游客可通过周围的天桥等全方位观赏历史遗迹(图7)。

可是,运动场一拆,有一个人就不高兴了。

第三个人,原东大门运动场看门大爷

"东大门运动场可是我们国家第一座现代运动场啊,虽然代表了一段糟糕的历史,但也不能说拆就拆啊!"的确,完全拆除东大门运动场和保护历史的论调是自相矛盾的。于是知心姐姐哈迪德再次上线,在历史文化公园北侧设计了东大门运动场纪念馆,并保留了原有运动场的照明塔,完美地抚慰了看门大爷那颗怀旧的心(图8)。历史问题已经解决了,哈迪德女士接下来要对面的问题便是"更新",也就是怎样将这片大型服装批发市场变成城市的新时尚设计中心。要知道当初建DDP的消息一放出,便有人气势汹汹地来质问扎哈。

图7

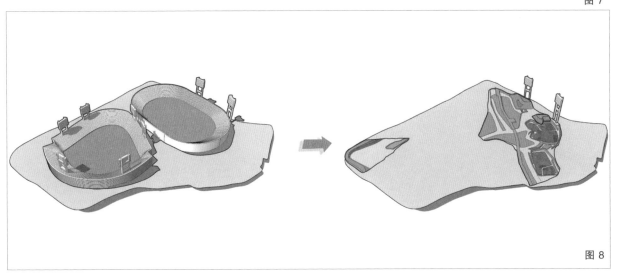

图8

第四个人，东大门运动场周边某服装摊大婶

"运动场本来好好的，里面到处是我的姐妹在摆摊。现在可好，运动场拆了，还把我的姐妹全赶跑了。听说这里要变成时尚设计中心，我可一点儿都不信。"某服装摊大婶说。

于是知心姐姐哈迪德又给这位大婶展示了 DDP 的六大功能区（图9）。不但保留了原来的商业模块并进行了更新换代，还加入了艺术中心、文化中心、设计中心等各种"高大上"的功能区，使这一地区成为一个文化创意枢纽。总之，哈迪德女士对这位大婶说："你们摆摊的地方还在，并且焕然一新。另外我们还提供了一个全新的平台，你和你的姐妹不但可以继续卖衣服，甚至还可以成为设计师，和全世界的顶级设计师交流互动。"

然而，在看到 DDP 这么繁杂的功能后，又有一群人不高兴了。

第五个人，想来 DDP 旅游的游客

"我只是去买东西，不想干别的。"
"我是来膜拜扎哈的，我想一天走完所有地方。"
"我只对古城墙感兴趣。"
"我只想去玫瑰灯花海自拍一张。"
"功能那么复杂，迷路了怎么办？"

这么多问题，知心姐姐哈迪德全都想到了，而且她只画了几条看似自由的曲线便解决了（图10）。扎哈将曲线引入建筑流线与场地设计中，模糊了建筑内外的界限，并同时解决了场地本身存在的高差问题。建筑内部的功能单元也通过一系列的坡道、桥形构筑物、流线型阶梯等元素连接，并将不同标高和不同功能的空间衔接起来。人们在自由起伏的行走过程中可以真切地感受到时空的交融。游客想去哪儿就去哪儿，永远没有重复的景观出现，走上一天都不累。

一切都很完美了，是不是？不，最后还有一个人的问题没解决。

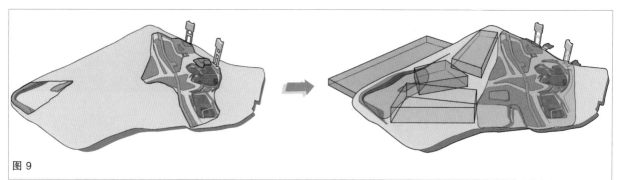

图 9

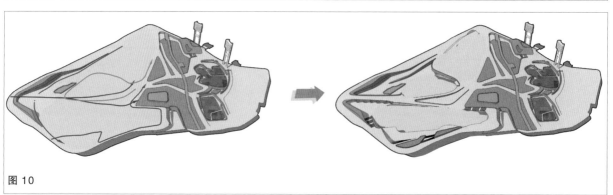

图 10

第六个人,"老佛爷"卡尔·拉格斐

曾担任过香奈儿艺术总监的"老佛爷"卡尔·拉格斐是哈迪德女士的好朋友。

"听说你要在首尔盖个艺术中心,不管设计成什么样,一建成我就要去里面办场秀,说好了啊!"

建筑界和服装界的两大"魔头"之间的友谊与信任就不再赘述了。只是,"老佛爷"在 2019 年初离开了我们,东大门的珠联璧合已成绝唱。下面就看看扎哈是怎样让"时装界的恺撒大帝"折服的。

DDP 的外形宛如一个随时间流转的有机生命体,其形如绵亘的山丘,因其光滑的流线造型,在视觉上摆脱了沉重之感,仿佛飘浮于地面之上,其自身形象风格非常强烈,却又与场地内的历史遗址乃至周边的城市环境良好融合。夜晚降临时,墙体表面的灯光明灭隐现,宛若建筑的"呼吸"(图 11、图 12)。

DDP 建成后,"老佛爷"也如约举办了 2015/2016 香奈儿早春大秀(图 13)。只是现在世间再无哈迪德,而香奈儿的早春大秀也不会再有"老佛爷"压阵。

扎哈·哈迪德女士,她坚定得像一把利剑,在自己的生命轨道上披荆斩棘、绝不和解,却又感性得像午夜电台的知心姐姐,用专属于她的方式解决每个人的问题。上述人物并不一定真实,但扎哈设计的 DDP 却真实地成为一个将历史文化遗产保护利用与城市更新成功结合的范例,成为首尔的新地标。对于哈迪德女士,或许所有的标签都是媒体时代的迷乱与喧闹。她,只是一个负责任的建筑师,无关性别,只为建筑。

再次致敬哈迪德女士。

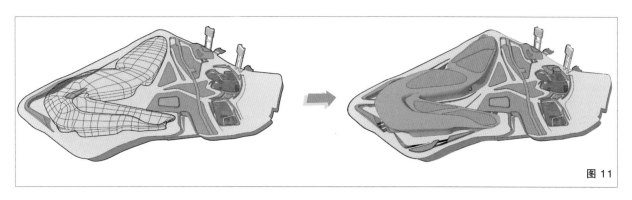

图 11

图 12

图 13

你没做错什么，你错在什么都没做

新包豪斯博物馆竞赛方案——Penda 建筑事务所

位置：德国·德绍
标签：形体，旋转
分类：博物馆
面积：4500m²

图片来源：
图 1、图 6、图 19 ~ 图 27 来源于 https://www.archdaily.cn/cn，
其余分析图为非标准建筑工作室自绘。

做建筑师的人，经常会感觉"人间不值得"："我的方案这么合理完美，为什么没人欣赏？甲方怎么那么肤浅？那个谁谁的方案，光看着炫酷有什么用？结构根本不可能实现，面积也不符合要求！还有那个某某做的，什么垃圾设计，除了名气比较大，还有什么值得吹嘘的？可怜我的方案布局多么合理！结构多么合理！造型多么合理！所有的所有都多么合理！为什么要遭受这么不合理的待遇？！"

为什么？就因为你的方案太合理了。合理到只能做"分母"，合理到即使被当成废纸也很合理。还没明白吗？你没做错什么，你错在什么也没做。

很多建筑师的设计过程，都是在"间歇性踌躇满志，持续性混吃等死"。拿到任务书的一刻有无数奇思妙想，睡了一觉之后就被所谓的"合理"打成废人。"合理"是你面对自己的平庸时最后的假面具，是你面对别人的优秀时唯一的"遮羞布"。

还有人说，我的方案能保持合理就可以了，我又不想当什么大师。但问题是，你所认为的"合理"在变化的时代面前早已不"合理"。综艺节目《奇葩说》里

有句话说得很对，大概意思是维持原状也是需要上进心的，没有上进心，你只能后退。当原来上街串门儿的老百姓已经变成现在上网吐槽的老百姓，你所认为的合理设计不过是自以为是的无知无畏罢了。

世界已经变了，只是你还在原地。

比如，要做一个合理的建筑，最基本的一条大概就是要"稳固"吧。那么请你看看下面这座建筑（图1）。你没看花眼，这个建筑会动！不但会动，还动得很灵活。

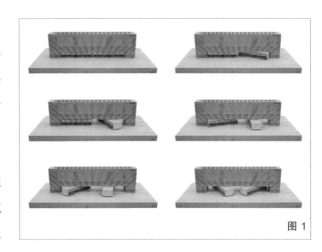

图1

这是 Penda 建筑事务所 2015 年设计的新包豪斯博物馆竞赛方案，并最终成功入围。我强调这个方案的最终入围是要说，这并不是一个异想天开的概念方案，而是确定可以实现的。

我们先来看一下这个方案的生成过程，逻辑是非常简单清晰的。

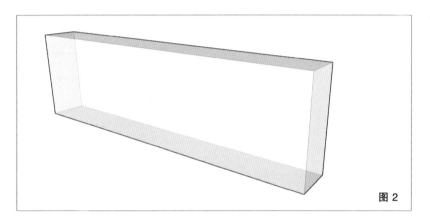

1. 确立建筑的体量（图 2）

图 2

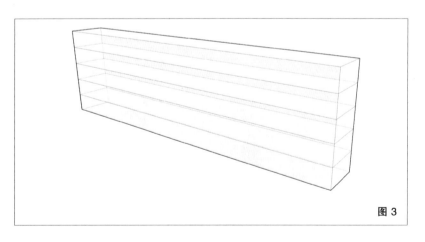

2. 进行建筑分层（图 3）

图 3

3. 借助旋转轨迹切割可旋转的体块（图 4 ）

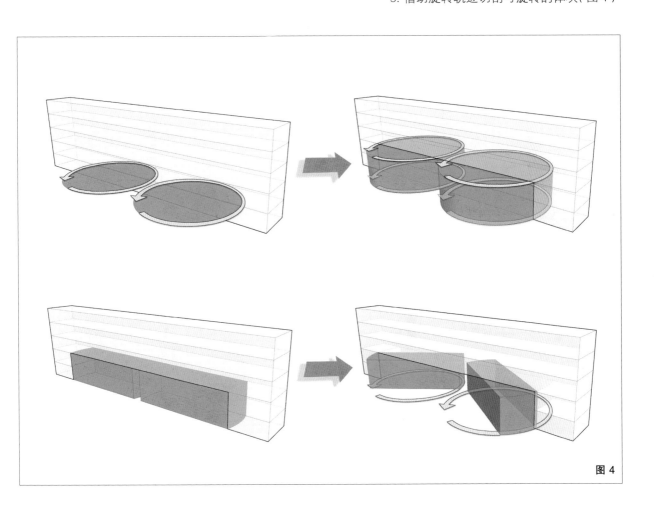

图 4

4. 确立垂直交通空间

为了保证安全的疏散路线，在建筑不发生旋转的两端设置了疏散楼梯间，而核心筒则采用圆筒形的旋转楼梯作为旋转轴（图5、图6）。

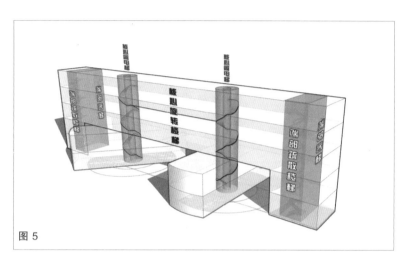

图 5

图 6

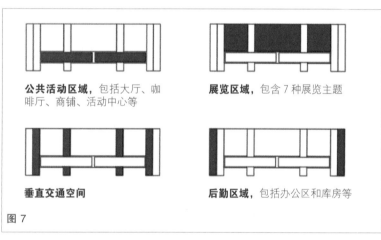

公共活动区域，包括大厅、咖啡厅、商铺、活动中心等

展览区域，包含7种展览主题

垂直交通空间

后勤区域，包括办公区和库房等

图 7

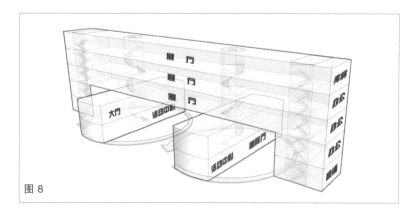

图 8

5. 确定各部分功能

旋转部分的形体使得建筑空间的功能分区自然形成，从而达到形式与功能的高度统一（图7、图8）。

至此，这个设计就算做完了。但还有两个关键问题没有解决：一个是怎么转，另一个是为什么要转。其实，我相信很多同学可能都有过让建筑动起来的想法，为什么最后都停留在了"只是想一想"的阶段呢？估计就是因为这两个问题没有解决。还是那句话，你的想法没有错，你错在想了之后什么都没做。

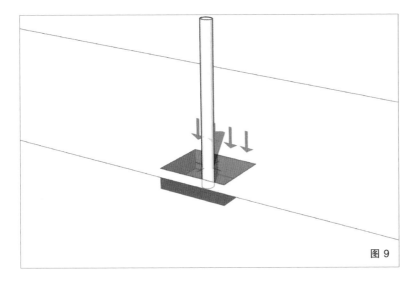

图 9

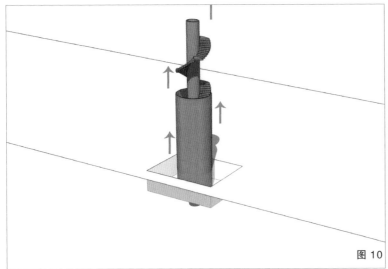

图 10

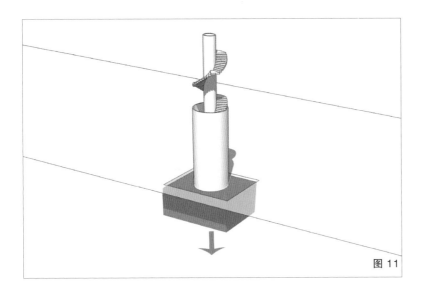

图 11

我们先来看第一个问题——到底怎么让这个建筑转起来？

（1）建立地基，预留地下室位置以及核心筒电梯基坑（图9）。

（2）确立稳定的核心筒作为旋转轴心（图10）。

（3）利用地下室充当箱形基础，使得核心筒结构的重心稳定（图11）。

（4）建立悬浮的一层平台，作为
旋转体块的底部（图12）。

（5）确定起引导和固定作用的旋
转滑轨（图13）。

（6）通过电线传递电力，带动旋转。
同时，在地板结构中设置绞车，控
制电线长度（图14）。

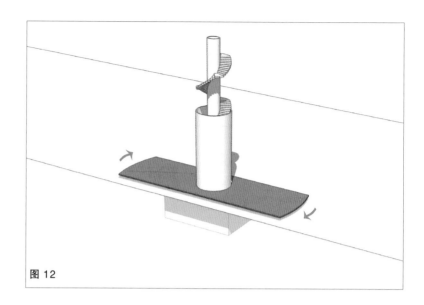

图 12

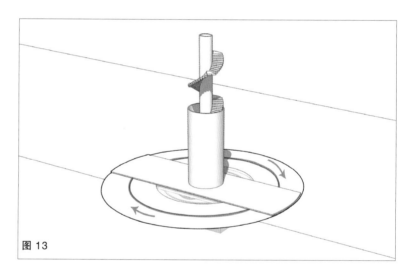

图 13

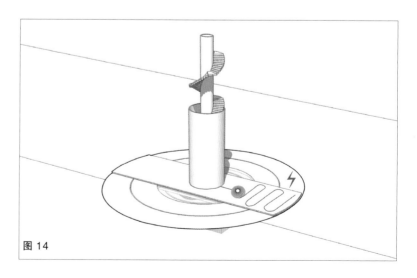

图 14

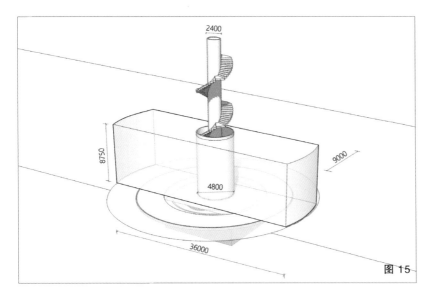

图 15

当然，仅是以上步骤并不足以使这个构造设计真的可行，我们还须注意以下细节：

第一，由于依赖核心筒的支撑，所以在尺度上，旋转体块不能过于庞大（图 15）。

第二，作为可以独立旋转的体块，结构上一定要同稳定的建筑主体彻底分开（图 16、图 17）。

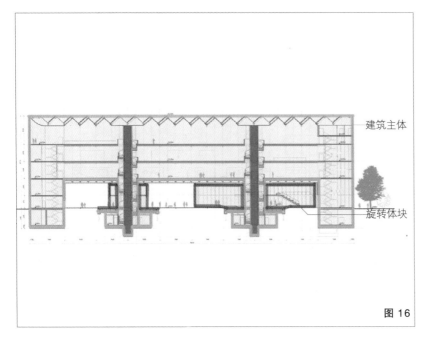

建筑主体

旋转体块

图 16

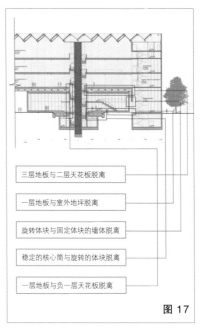

三层地板与二层天花板脱离

一层地板与室外地坪脱离

旋转体块与固定体块的墙体脱离

稳定的核心筒与旋转的体块脱离

一层地板与负一层天花板脱离

图 17

第三，旋转底座要与室外场地高度契合，从而自然地隐藏在场地环境之中（图18、图19）。

但是，说到底这些只是技术问题。无论建筑技术还是机械技术，只要想做，就算自己搞不定也总能找到人帮你解决。最关键的问题还是第二个问题——为什么要让建筑转起来（图20）？

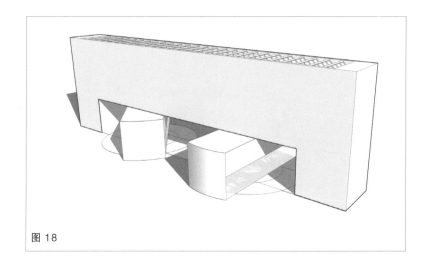

图 18

图 19

图 20

在回答这个问题之前，我先问你另一个问题：为什么你要使用智能手机？你一定觉得我很可笑是不是？这还用问为什么吗？因为方便啊，因为时代进步了啊。是啊，你看，对于手机你就会觉得智能、多功能是合理的，那么当代建筑的"合理"为什么就要退回到20世纪，变成"稳固静止"的呢？难不成我们使用建筑的时候和使用手机的时候不是处在同一个时空里？

所以，让建筑转动起来的原因根本就不用赘言——多元化的使用功能是这个时代对所有产品的基本要求，包括手机，也包括建筑（图 21）。我们应该关心的是我们到底能让建筑变出多少个花样来。

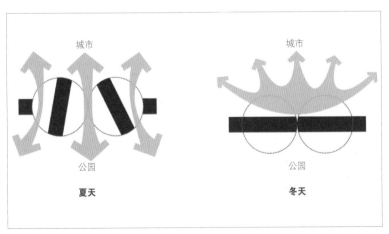

图 21

变化一：封闭时正常的建筑与通道（图 22）

图 22

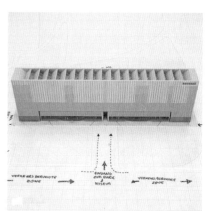

变化二：博物馆开放时的入口门厅（图 23）

图 23

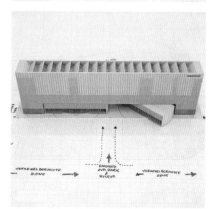

变化三：露天电影院（图 24）

图 24

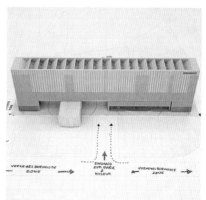

变化四：与公园合为一体（图 25）

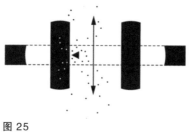

图 25

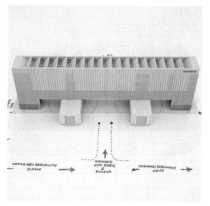

变化五：举办音乐会时的露天舞台（图 26）

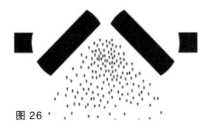

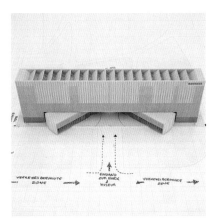

图 26

变化六：公园运动会的看台（图 27）

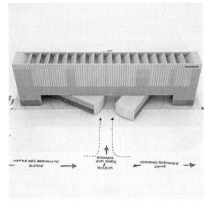

图 27

当智能手机横空出世时，所有的传统手机毫无招架之力地缴械投降了。"移动的"和"变化的"对"静态的"和"固定的"的冲击是直接毁灭其生存环境的"降维攻击"，建筑亦是人类创造的物质产品，不会逃脱生存法则，成为特例。当我们刚刚跨过及格线就沾沾自喜时，有很多人却一直在追求满分，但是还有一群人，已经开始自己出题。等有一天我们遇到这些人，才会发现自己早就被远远甩开，甚至连题目都看不懂了。

作为建筑师，
我们亲手杀死了建筑的未来

未来城市图书馆和新媒体中心——UNStudio 建筑事务所

位置：比利时·根特

标签：流线，超链接

分类：图书馆

面积：19 499m²

图片来源：

图 1、图 7 来源于 https://www.unstudio.com，图 8、图 9、图 20 来源于《创意分析——图解建筑》，图 19、图 23 来源于《世界著名建筑设计事务所——UNStudio》，图 22、图 25 来源于网络，其余分析图为非标准建筑工作室自绘。

今天用电脑画图的时候，又被 Windows 10 系统的自动更新打断了，忽然就有了一丝恐惧。你看人家程序员，为了不失业，多努力，隔着太平洋都变着法儿地折磨我们的电脑，天天逼着电脑更新，还给用户的"体验"幸福做了倒计时，难怪人家始终有活儿干。

再看看咱们建筑师，总是念念不忘帕提农式的永恒，恨不得自己设计的建筑，建好了就再也不拆了——你说如果所有的建筑都永恒了，那还要建筑师干什么？还有比这个更荒谬的行业梦想吗？

当然，新建筑总会出现，因为总有新的甲方提出新的要求。这就更荒谬了。一个行业的更新迭代要依靠甲方的"脑洞"而不是自身的发展，这真的靠谱吗？如果咱们也能像程序员一样来个Windows 10版本的建筑空间，天天更新，让甲方恨不得把我们永远留在身边出谋划策，该有多好。

是的，UNStudio 也是这么觉得的，并且在未来城市图书馆和新媒体中心
（图 1）的设计中实践了这个想法。

图 1

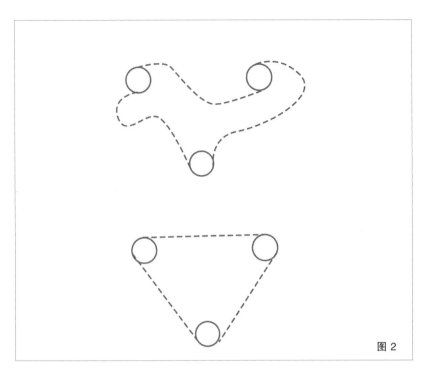

图 2

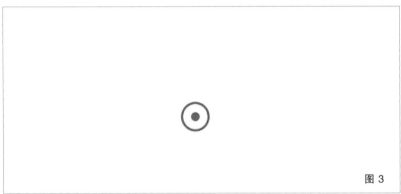

图 3

图 4

建筑师的反击

1. 交通超链接

首先我们要意识到，社会在变，人也在变，有的甲方更是善变，今天沉迷于网购，明天说不定就想出门逛街。但是，做建筑又不像使用手机，今天换个屏保，明天换个壳，后天还可以重新排一排桌面。毕竟，今天给建筑做好了墙，明天可不能说砸就砸了。

为了应对甲方想法可能不断变化的状况，UNStudio 做了个超链接式流线设计，以解决功能变化造成流线混乱的问题。说白了这就是个低配版的任意门：让流线成为点对点的快速直达链接。同在一个大区块时，人们在任意两个小功能块之间都可以借助交通核心完成直达（图 2）。但具体怎么做呢？

首先，我们设置第一个圆轴——主入口（图 3）。

然后一生二。根据主入口的位置，依照基本分区与服务半径，确定后勤区主轴——后勤核心筒和图书区的主轴——图书馆中庭（图 4）。

接着，二生四。图书馆区由中庭发散出 3 个节点，东侧一个交通核，西侧一个交通核，北侧一个交通核。后勤区则向建筑南端发散出一个圆轴（图 5）。

最后，让四个节点与建筑其他角落与节点完成对接，使得各功能块通过快捷的流线直接相连（图 6）。

另外，这些圆形的交通节点，还通过控制室内剩余空间的宽度，划分了空间，形成半限定的功能分区。为了让你相信，设计师还"花式秀优越"，故意把本可以放在同一层的文化图书馆与知识图书馆放在了不同楼层，并且上下方向还不对应，就是想促使大家体验一番超链接流线所带来的不一样（图 7）。

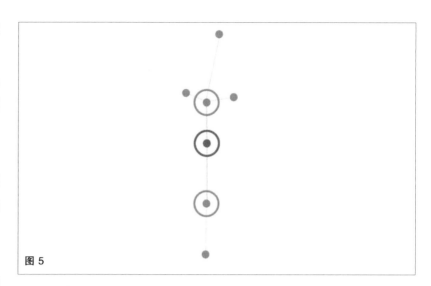

图 5

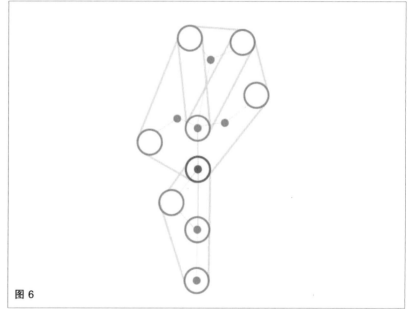

图 6

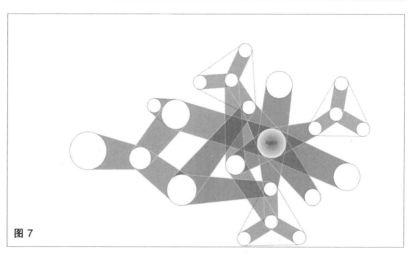

图 7

2. 无柱大空间

从结构适应空间的角度看，无柱的室内大空间也很重要，它让室内空间今天分隔一堆迷你阅览室，明天融为一体成为舞厅，这多好啊。没有了柱子，爱怎么分隔就怎么分隔，除了核心内筒和建筑幕墙支撑柱外筒这些结构不能砸，其余的墙随便砸（图8）。

设计师把室内的竖向承重结构与垂直交通体系及建筑表皮分别进行"合并同类项"——成为内筒与外筒。虽然室内没了柱子，但是楼板承重依然离不开梁。此时，主梁可以依据核心筒的分布，布置成筒与筒之间的直线。由于核心筒主要为圆形，因此，主梁为圆与圆之间的公切线或者圆心连接线，这样主梁看起来就像精密的传送带系统一样。这是较为节省结构梁的布置方法（图9）。

结构图

■ 稳定轴
■ 主梁楼层结构
■ 边梁
■ 幕墙柱

图 8

主结构

图 9

有了以上两大法宝，剩下就是搭建
整个建筑系统了。

（1）依据场地限制，确定建筑体
块范围（图10）。

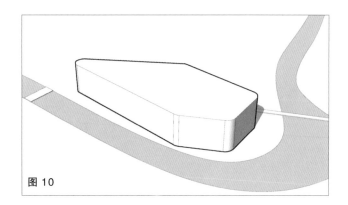

图 10

（2）简单的南北分区——南端窄小，
作为办公、贮藏等空间；北端宽大，
作为阅读展览空间（图11）。

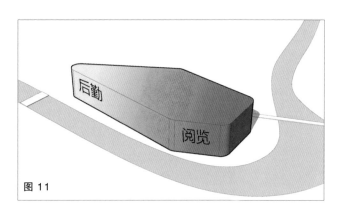

图 11

（3）分析场地流线并以此确定主
入口（第一个筒）（图12）。

（4）在主入口处进行体块内凹，
加强引导性。建筑内功能分区的分
界线也由此产生（图13）。

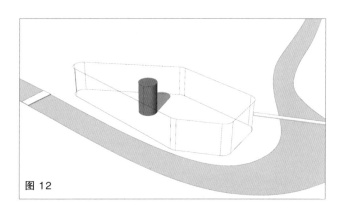

图 12

（5）各区功能不同，导致层高和
面积不同，体块因此进一步变化。

①底层局部架空，作为自行车停放
区（图14）。

②由于礼堂有座位升起的需求且层
高较高，因此，礼堂区域的体块做
局部下坠（图15）。

③主入口处添加灰空间体块，给
主入口做顶部遮挡，取代雨篷
（图16）。

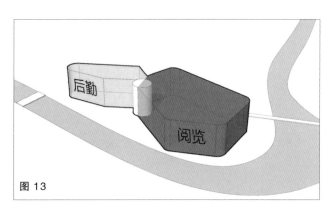

图 13

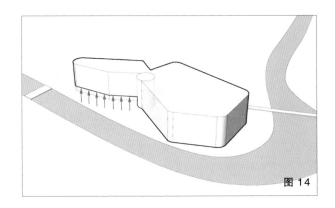

图 14

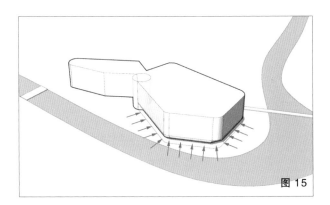

图 15

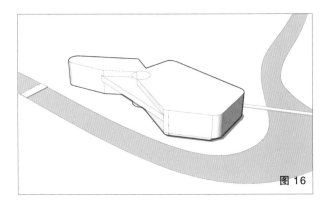

图 16

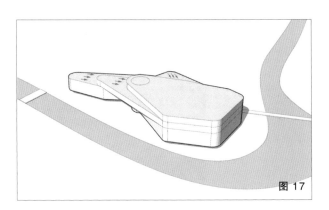

图 17

④顶部收分，从西南方向做逐层退台。这一步主要是因为新建的图书馆周围有一座重要的建筑——冬季马戏团，需要避免对它形成高度上的压迫。另外，退台也能减少对身后建筑观景视线的遮挡。而且，这个处理能让南面向阳的建筑表面积变大，这对这座位于寒带地区的建筑而言有利于冬季节能（图 17、图 18）。

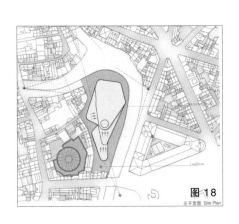

图 18

总平面图 Site Plan

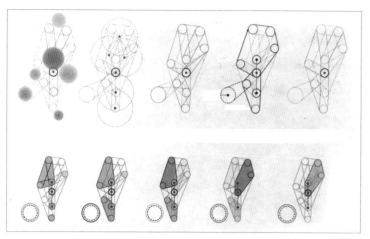

图 19

（6）根据上面说的"超链接"概念，设置交通流线系统（图 19、图 20）。

（7）依照已经生成的形体、分区以及流线，逐层添加楼板。然后，在对应门厅和中庭的位置设置可调节百叶式天窗，并让天窗轮廓与传送带系统控制线形成完全重合的对位关系，以便配合主入口门厅和阅览区大中庭空间，改善自然采光（图 21）。

（8）最后，完善建筑表皮，大功告成（图 22）。

<u>彩蛋</u>

虽然没人知道未来具体会是什么样子，但是所有人都知道，未来一定会变得与当下截然不同。因此，那些沉溺于应付甲方现有要求的建筑

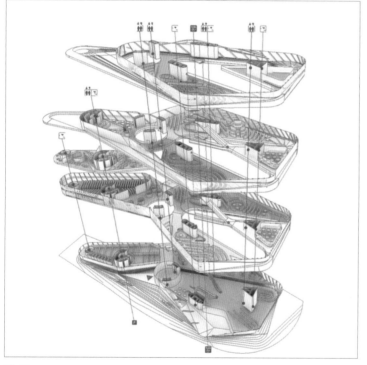

图 20

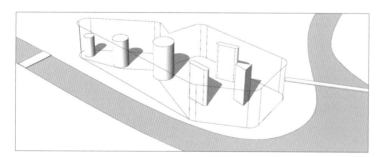

图 21

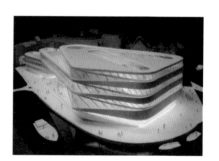

图 22

师，一定是无法面向未来的。好的建筑师应该像一个引导者，为使用者提供更好的设计作品体验，引导他们做出更好的选择，比如，苹果推动了智能触屏手机的革命，而诺基亚却用市场需求、调查统计否定了触屏的潜力。

UNStudio 在这个方面也做出了自己的回答——比如，倒圆角的细节处理。

首先，基地处于流线交错的复杂状态，并且用地也很紧张，人们很多时候都在离建筑不远的地方行走于基地中。因此，在建筑转角处做导角处理，不仅能改善人们的行走体验，同时也是对穿过基地的流线表示尊重（图 23）。

另外，基地形状的不规则注定了建筑外轮廓的不规则。以圆形为建筑外轮廓的端头，比直线形的尖角端头更有利于提高空间利用率（图 24）。

怎么样，有没有感受到 UNStudio 骄傲的眼神。从此，空间更新的便利程度直逼 Windows 10 系统。但是，既然听起来这么厉害，又是一个面向未来的设计，为什么没中标呢？因为甲方心里也明白，这事儿没这么简单——UNStudio 并没有真的把"未来"贯穿到底。

比如，建筑的生成过程其实依然非常传统，根本没有涉及大数据与参数化，因此，灵活性注定受限。再比如，建筑完成之后，当全球气温发生变化时，建筑师除了呼叫暖通兄弟帮忙，也不能再进一步做什么了。再比如，随着需求的发展，如果建筑面积不够用了，也只能再把施工队喊过来，想办法生硬地加建或者重建。

这不是未来的建筑，这就是个肯定会来的建筑。当我们对未来建筑所有的想象都依托于已有建筑（比如，交通和结构），我们已经亲手杀死了建筑的未来，因为我们思考和解决的依然是现在已有的问题，而不是未来可能会有的问题。

有人说预测未来最好的方法就是创造未来，我们现在看 20 年前的手机、电脑，就像看出土文物，但我们看 100 年前柯布西耶、密斯的建筑，竟然觉得还挺时尚。

作为建筑师，我很抱歉（图 25）。

图 23

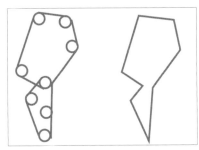

图 24

图 25

致结构、室内、景观的各位同事:
不想干活?放着我来

北京 **CBD** 文化中心竞赛方案——克里斯蒂安·科雷兹

位置:中国·北京

标签:三角形,桁架

分类:文化中心

面积:26 880m^2

图片来源:
图 1、图 3、图 19、图 22 来源于杂志 *ELcroquis* 第 182 期,图 2、图 10 来源于
https://www.ikuku.cn/post/90975/,其余分析图为非标准建筑工作室自绘。

在这个"项目天天有，年底特别多"的行业里，越想休息就越不能休息，什么 1 月 4 日、5 月 4 日、10 月 8 日都成了汇报、交图的良辰吉日。既然总要有人加班，一个人熬夜总比全项目组一起哀怨好。

那么，问题来了，这个人是谁呢？

结构工程师：啊！不想干活！

建筑师：放着我来！

室内设计师：我也不想干活！

建筑师：放着我还能来！！

"吃瓜"群众：你真的能吗？

一座建筑之所以需要这么多人来配合设计，就是因为组成建筑的各个部
分都自成系统，如果建筑师想一个人把活儿全干了，最重要的就是寻找
一个能把其他系统都组合在一起的点。比如，克里斯蒂安·科雷兹的北
京 CBD 文化中心竞赛方案（图 1）。

图 1

图 2

外观是一堆三角形，内部还是一堆三角形，没有梁柱，也没有其他装饰（图2、图3）。可以说，这座建筑就是拿一堆三角形拼接而成的。在这里，三角形既形成结构，又构成装饰，还组成平立面。恭喜建筑师收获"三杀"。

图 3

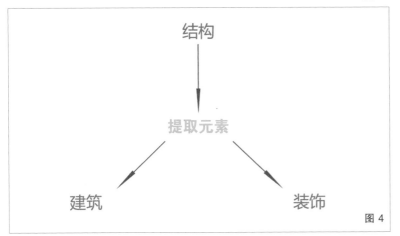

图 4

在这座建筑里，连接所有系统的关键点就是结构（三角形）。从一个结构形式中提取元素（三角形）来生成整个建筑的平立面以及装饰，将平面、立面和装饰结合在一起来设计，而不是分开考虑（图4）。

第一步：建筑的初步设计

首先，还是要根据建筑的功能确定
建筑的层数和形状（图5）。为保
证建筑中间有大的公共活动空间，
把功能房间和辅助用房放置在建筑
两侧。其次，确定建筑的基本柱网，
给建筑"划分网格"（图6、图7）。
此时，可以把中间的公共空间看作
一个"大跨结构"（图8）。

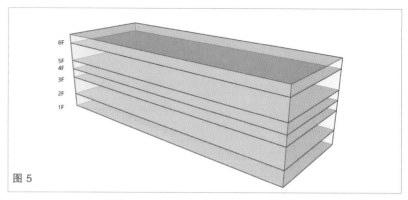

图 5

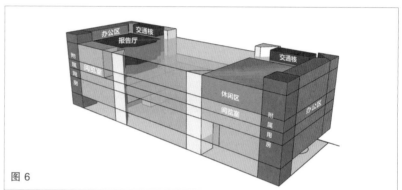

图 6

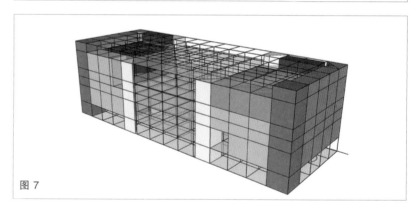

图 7

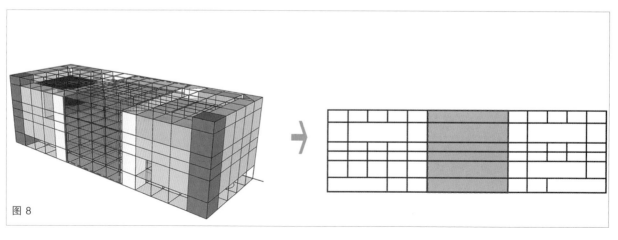

图 8

第二步：寻找可以提取元素的结构

在第一步中，我们已经得到了一个中规中矩的框架结构建筑，但我们不是要选择这个结构，而是要选择它的"好朋友"——桁架结构。从桁架结构中，我们可以提取出生成整个建筑的关键元素——三角形（图9）。

当然，还可以用别的结构体系，看这些推敲模型就能知道其实是有很多选项的。但是对建筑师来说，选取结构形式时最重要的一点是，相关计算最好不要涉及超出高中物理范围以外的知识，比如，桁架（图10）。

至此，组成整个空间的三角形就被划分成了两大类：位于轴网上起结构作用的片墙以及围合房间所需要的墙（图11）。

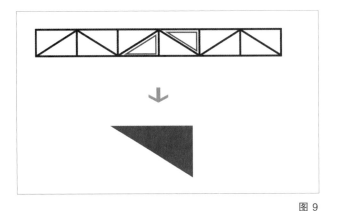

图 9

图 10

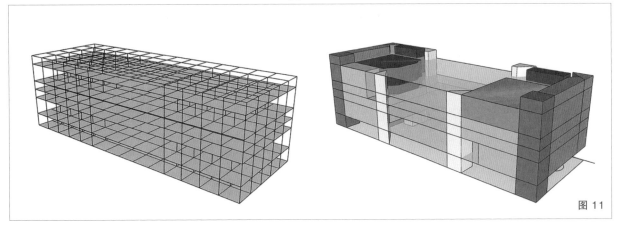

图 11

第三步：利用提取的元素生成建筑各部分

此时，建筑中可看作有两套桁架体系——平面桁架体系和空间网架体系。平面桁架体系用于确定每跨长边轴网上三角形墙的位置；空间网架体系用于确定相邻其他几面三角形墙的方向以及楼板的开洞位置（图12）。

首先，要根据竖杆（原来的柱网）确定建筑竖向的墙体位置。通过建筑的竖向受力图确定三角形墙体的方向。本着承重墙越少越好的原则选取一面可以贯穿整个建筑长边的墙作为起始墙体，将层高较高、传力比较困难的位置碎化成多个桁架形式。由于建筑的每一条长边上的墙都能看作是由桁架组成的，因此，可以从最旁边的外立面开始进行顺序计算，再把此次得到的荷载图作为长边上外立面的形式（图13、图14）。然后确定其他几面长边墙的形状，根据各层不同的功能确定该层的受力格点，由此确定各层长边上三角形的方向（图15）。

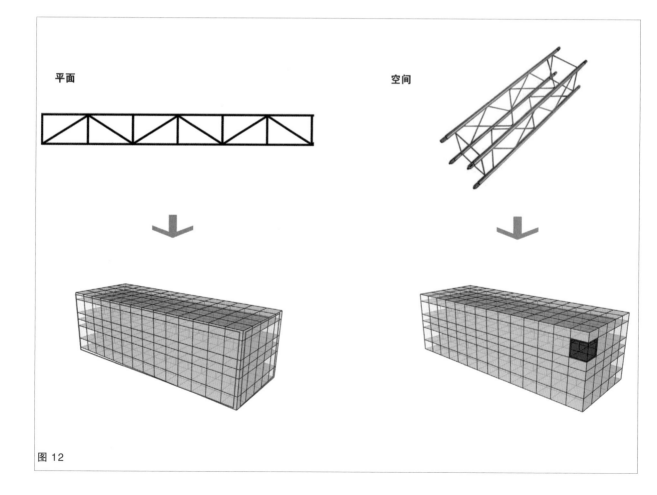

平面　　　　　　空间

图 12

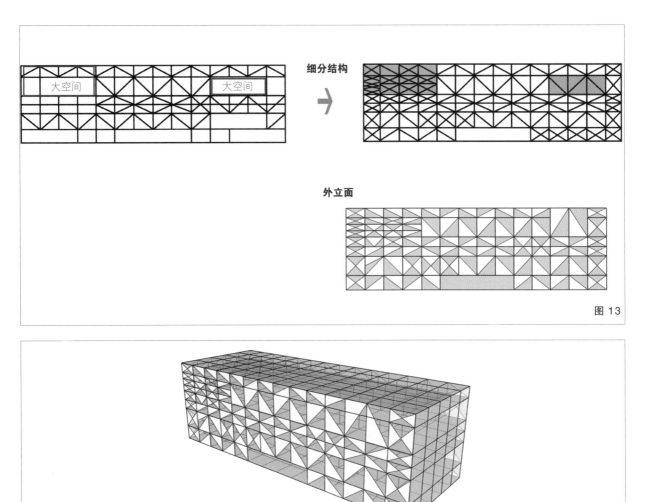

细分结构

大空间　　　大空间

外立面

图 13

图 14

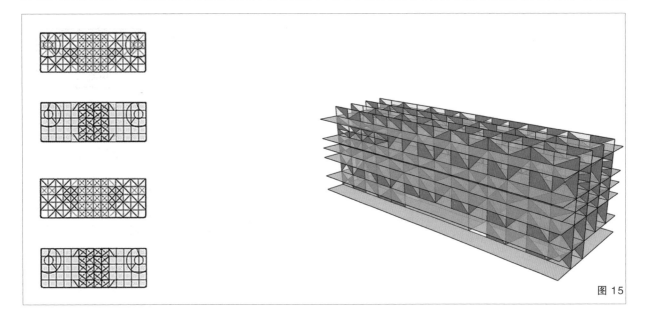

图 15

同理，可推断出短边立面和屋顶的样式（图16）。用空间网架体系来确定每一层抠掉的楼板位置，基本等同于解答"怎么用最少的面获得一个最稳定的立方体"的问题（图17、图18），得到的是多个形状各异而且不连续的中庭（图19）。最后，将由结构抽离得到的建筑空间和传统功能空间相叠加，在保证功能用房私密性的同时去掉一部分墙体，完成对内部空间的塑造（图20）。

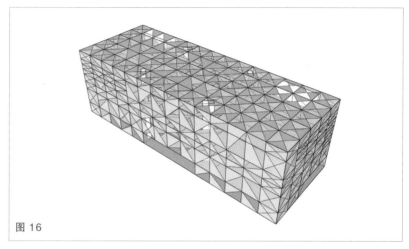

图 16

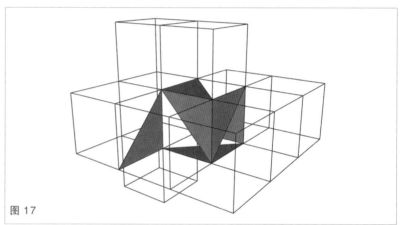

图 17

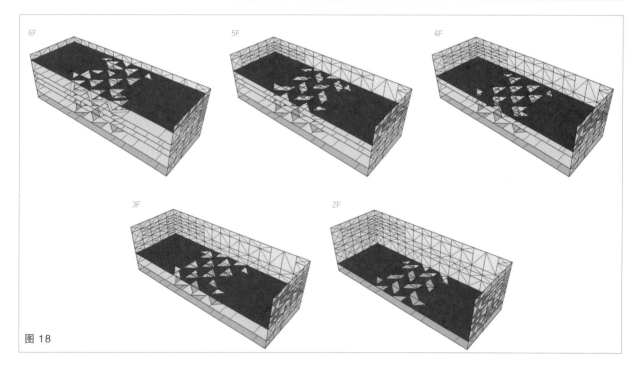

图 18

图 19

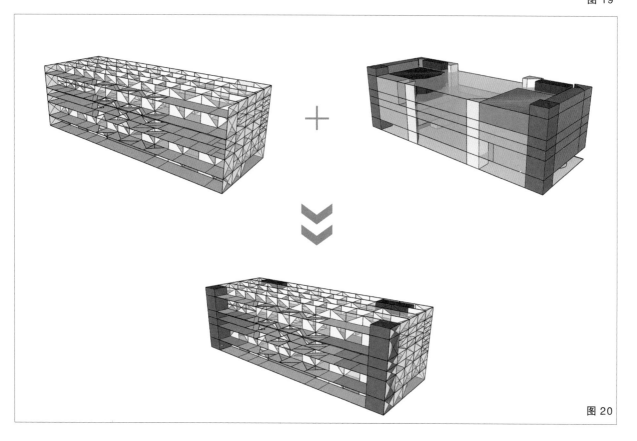

图 20

第四步：在大空间内加入垂直交通体系，完成整个建筑（图21）

整个建筑可以看作由两种均质元素构成：均质结构和均质图形。但是，两者叠加却生成了一个不均质的复杂空间（图22）。这样的空间给人一种既私密又开放的体验——虽然有开阔的视野，但又不能窥得全貌，总有一面墙挡在眼前。用均质元素生成不均质空间，这大概就是建筑师科雷兹所谓的"不确定的确定性"吧。

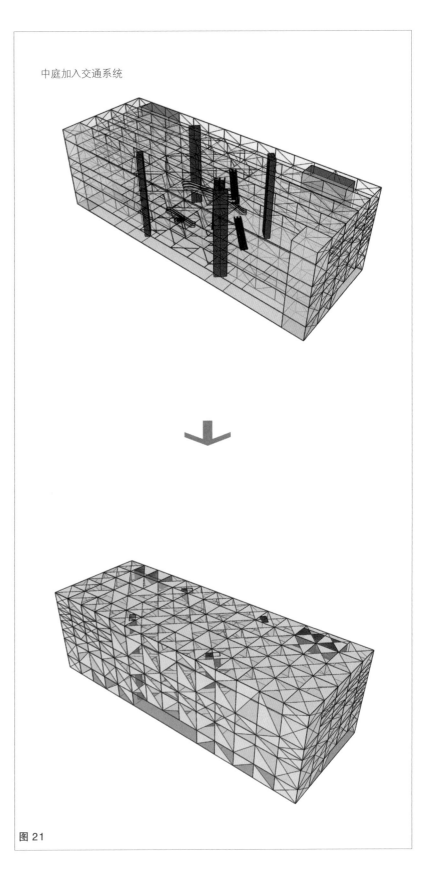

中庭加入交通系统

图 21

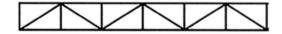

均质的结构

均质的元素

不均质的空间

图 22

不管怎么样，结构、室内设计等各专业的人都可以开开心心地放假了。你问建筑师去哪儿了？当然是在加班算结构啊。所以说，不要学得太杂，现在学的知识都可能会变成以后加的班。

为人民群众的摄像头而设计

伊贝雷·卡玛戈基金会博物馆——阿尔瓦罗·西扎

位置：巴西·阿雷格里港

标签：景深

分类：博物馆

面积：1350m²

图片来源：

图 1 ~图 4、图 12、图 13、图 17、图 21 来源于 https://www.archdaily.com，

其余分析图和照片为非标准建筑工作室自绘自拍。

说来也是奇怪，在这个吃饭喝水都能刷爆网络的年代，建筑圈却像一潭死水，任凭风怎么吹都看不见朵浪花，用高级点儿的词来说就叫没有媒体传播力。

传播法则

每个年代的媒体传播法则都不太一样。50 年前，那个纸质媒体时代是建筑理论家们的黄金时代，会做的不如会写的，你肯定知道《建筑的复杂性与矛盾性》，却想不起来文丘里设计过什么房子。20 年前，进入公共媒体时代，主流媒体开始了最后的狂欢，想让谁红谁就能红。而今天，是社交媒体的高潮，每个人都是话题的制造者，每个人也都是话题的参与者——每个人都自带流量。

建筑不是媒体

在社交媒体时代，真正且唯一的传播者只有人类自己。剩下的，要不就是传播工具，比如，已经快无所不能的手机、电脑；要不就是传播素材，如电影、电视剧、书籍、艺术品，再比如——建筑。

建筑只是素材，不是媒体。很多建筑师不知是对建筑有误解还是对媒体有误解，总是希望建筑本身去传递某些信息，但还不太希望大家能看懂，因为最后还想要收到个"不明觉厉"的效果。这就好比我用中国话告诉一个法国人，让他转告对面的意大利人来认我做老大——语言都不通，要怎么进行社交？

这大概就是当代建筑总是徘徊在时代之外的原罪。在社交媒体时代，建筑的存在几乎就等同于一张照片，至于这张照片能引起多大的话题，则完全取决于拍照片的人和看照片的人能在照片里找到多大的话题。建筑师当然可以有意识地引导人们去找到某些话题（参考所有文艺片导演的做法）——但在此之前，更重要的是，你要让人民群众愿意在你的建筑里拍张照片（总要先买张电影票）。

为人民群众的摄像头而设计

不要大鸟瞰，不要大广角，不要专业摄影师的光影和构图，要让广大人民群众用手机随便一拍就能发朋友圈，空镜有格调，自拍显气质。

看下面这座建筑，这是随便从一个角度拍的照片（图1～图3）。这三张照片都来自同一座建筑：阿尔瓦罗•西扎设计的伊贝雷•卡玛戈基金会博物馆（图4）。虽然这座建筑2008年就建成了，但还能成为随手一拍就能发朋友圈的网红打卡地。为什么会这样？

图1

图 2

图 3

图 4

大家都知道，拍照片要首先找到一个焦点景物，否则拍什么呢？而拍建筑空间的时候一般是不会有什么焦点景物存在的，所以学建筑的学生们会绞尽脑汁地找根柱子或者找点光影来构图。可对普通人来说，没有什么可拍的——那就不拍了呗。

所以建筑师首先要做的就是帮人民群众构图。没有焦点怎么构图？当然是增加景深啦。图 5 中左图没有景深就是一堆花，右图有了景深也就有了层次和重点。

图 5

再看这个博物馆的空间照片（图6），可以看到，虽然没有焦点景物，但是因为空间的层次丰富，也使得照片本身非常有内容。当然，丰富空间层次这事儿我们不陌生，但是在一个手机镜头里塞进如此丰富且井井有条的空间层次应该算个技术活儿了（图7）。

图6

图7

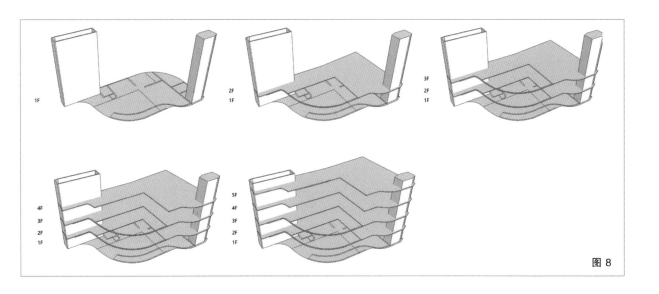

图 8

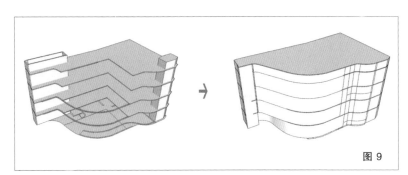

图 9

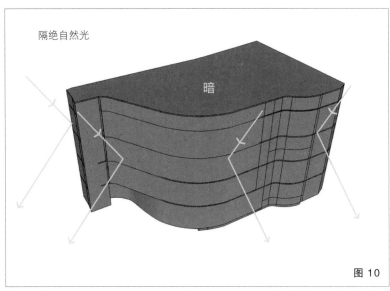

隔绝自然光

暗

图 10

第一层次——作为配角的楼板

将空间完全分隔开的楼板相当于配景，充当着"近景"和"中景"的构成要素（图 8）。

第二层次——作为取景框的外墙

厚重的外墙作为室内外的分界线，将内部的空间严密地包裹进去，限定了空间的边界（图 9）。同时，作为一个喜欢玩光的设计师，西扎对自然光要素有严格的限制。严密的外墙让建筑物内部的空间与自然光隔绝，将光线变成了一个控制内部空间层次的手段，同时也屏蔽了室外自然景物对内部空间的干扰。随便怎么拍都是在设定的空间内，不会有穿帮镜头（图 10）。

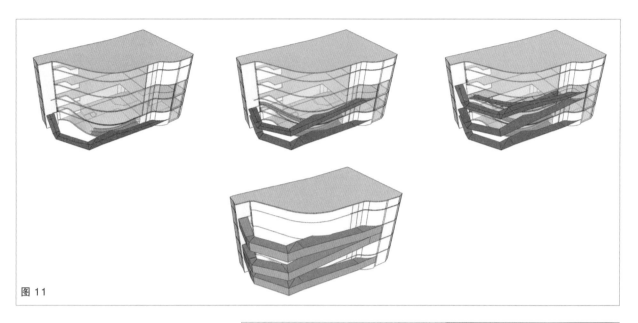

图 11

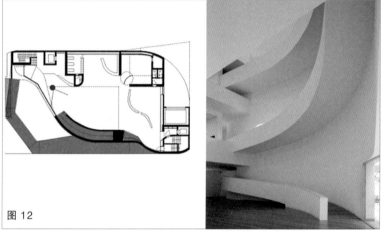

图 12

第三层次——要素 1：坡道

作为博物馆中的主要垂直交通系统，坡道的作用可并非只有连接上下层那么简单，还为空间添加了两种变化（图 11）。

1. 作为紧贴外墙的构筑物，坡道成了位于展厅和中庭的视点中的"中景"或者"远景"的一部分（图 12）。

2. 坡道并不是每层都相同，每一层都有细微变化，各花入各眼，让你举起的手机镜头可以轻易找到焦点（图 13）。

图 13

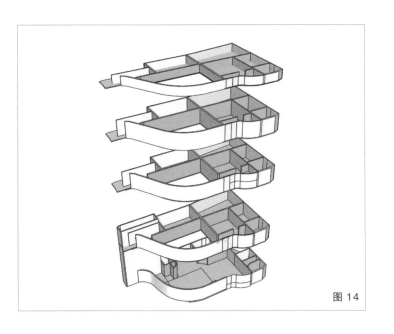

图 14

第三层次——要素 2：内墙

起到增加空间层次作用的内墙主要位于展厅部分，通常作为"近景"和"中景"出现（图 14）。为了增加景深，整个博物馆被当作一个大空间来设计，因此，中庭和展厅并没有被分隔成独立部分，只是用墙体进行半限定，空间通而不连（图 15）。

图 15

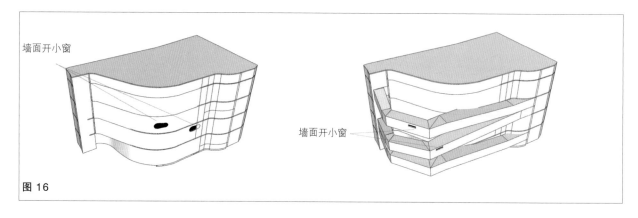

图 16

第四层次——作为点缀因素的自然光线

在坡道外悬的一侧或者外墙角落开形状各异的观景窗作为建筑内部与外界的连接。异形窗既可以引入自然光，也可以作为远景的焦点，但又不会将室外环境引入内部，破坏构图（图16）。通过在室内的匀质白光之上加一点亮光，拉伸空间的广度并增加空间的焦点（图17）。

这几层的相互叠加使得人们在博物馆内部随意举起镜头都能产生丰富的景深，而局部构件之间的交会部分形成的过渡空间又会因为叠加产生了"1+1 > 2"的空间效果。比如，坡道的拐角处（图18）。

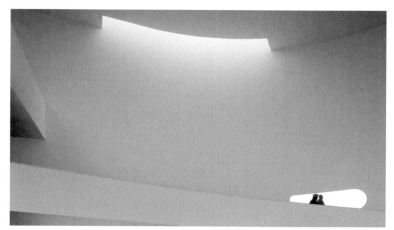

图 17

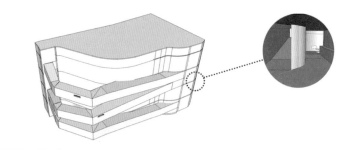

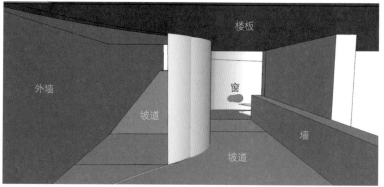

图 18

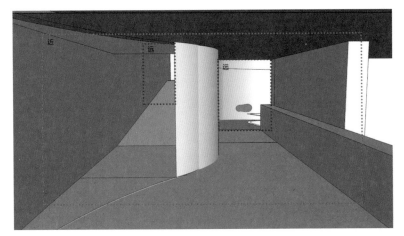

图 19

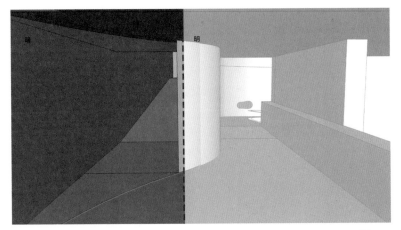

图 20

这个空间是由墙、坡道、小窗、楼板叠加而成的。远处的小窗结合着起伏的坡道，将空间向外拉伸，近处的墙让眼前的空间趋于稳定，由此形成了远景和近景两个层次（图 19）。中间的墙将坡道一分为二，左边悬挑在外侧没有照明，与右面的明亮形成强烈的对比，光线和墙体将这个过渡空间变成了一个明暗交界线（图 20）。真实的效果如图 21 所示。

能看到的才是美

层层叠加看似烦琐，其实是对空间效果的简化。没有了重点关注的对象，就如同看照片一样，最丰富的层次焦点只是在视觉中心——游客的眼中，增加的是人在建筑内部游览过程中感受的变化。

能看到的才是美，能被传播的才是话题，而美和话题都掌握在人民群众的摄像头中。

图 21

日本建筑师到底牛在哪里

House N——藤本壮介

位置：日本·大分
标签：嵌套
分类：独立住宅
面积：150m²

House NA——藤本壮介

位置：日本·东京
标签：错层
分类：独立住宅
面积：592m²

House H——藤本壮介

位置：日本·东京
标签：多层，通透
分类：独立住宅
面积：125m²

图片来源：
图1、图3、图5、图12、图13、图15、图17、图18、图25、图26、图28、图36、
图37来源于https://www.archdaily.com，其余分析图为非标准建筑工作室自绘。

什么是建筑？简单来说，无非就是理念、形态、空间、材料、结构的组合。一个建筑如果做到理念好、形态好、空间好、材料好、结构好，基本上就可以颁发一个"五好建筑"的证书作为学习榜样了。"五好"中，材料和结构这两科，基本上就等于化学和物理——实在学不会就去恶补一下吧，至少能保证试卷上的分数不会太难看。而剩下的三科呢，就比较麻烦了。对建筑师来讲，这三科基本就等于是语文、数学、外语。从小学到大，有一门不及格你就别想上好学校。咱们说日本建筑师比较厉害，主要是说他们这三科学得比较好。

下面我们就请出日本建筑师的新生代"课代表"——藤本壮介来给大家做个学习经验交流会。

作为一个经常思考如何把空间和自然有机结合的建筑师，藤本壮介认为建筑是一系列没有界限的空间，是一个与周围环境或者建筑的层与层之间有着相互重合的领域的场所。因此，他自己的一个设计要点便是如何软化内外以及自身内部生硬的界限，将实线变成"虚线"——建筑空间从由确定的围护结构分割变成由空间分割，打造"之间"的过渡感。

这也就是藤本壮介天天挂在嘴边的"暧昧的秩序""没有意图的空间"，或者"一种距离感的渐层场域"等，我们统一称呼它们为——建筑理念。

其实，有个建筑理念也不是什么难事儿。随便采访一下普通的建筑师甚至建筑系的同学们，都能和你唠唠叨叨地说上半天。但难点也是学习重点是，这科的考核方式是笔试，不能靠嘴说——能让别人在你设计的建筑上看出你的理念才是高分"标配"，就类似"你画我猜"的游戏一样。

然而，设计理念不是物理公式，在理想状态下直接代入就行了。每个项目的需求和条件都不相同，更重要的是，设计师和使用者无法相互成全。通常情况下，做出牺牲的肯定是建筑师——用牺牲自己的精巧构思来成全建筑的舒适度和实用性。那么，藤本壮介是怎样回答这个问题的呢？下面我们就来分析一下他的"作业集"。

项目： House N

位置： 日本大分市的一个传统居民小区。

业主： 一对年轻夫妇和一只宠物狗。

需求： 首先，本案的基地面积很大，但业主说作为"家"的话不用这么大；其次，业主希望自己家中的每一面都有风景可看；另外，业主希望家中也能有一些社交活动空间（图 1）。

图 1

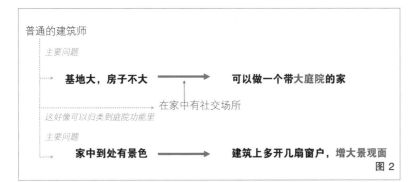

图 2

图 3

对这些业主的需求，普通建筑师的解题重点如图 2 所示，于是他们做出的可能是像图 3 这样的平面和造型，基本上就是一个以复杂庭院为主的传统住宅。而"五好建筑师"藤本壮介是如图 4 这样审题的。然后，他确定了一个如图 5 这样的平面。

图 4

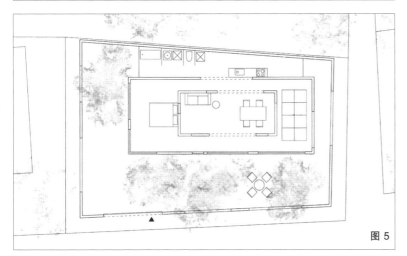

图 5

从平面上看，其功能布局与传统住宅的形式没有太大差异（图6）。如果按照一般住宅的形体设计方式，得到的依然只是一个"普通单体建筑＋庭院"的组合模式（图7），而藤本壮介将自己的理论和业主的需求结合的关键一步在于：三者相互的渗透并不是基于平面的变化，而是基于庭院与住宅在形体关系上的连接。

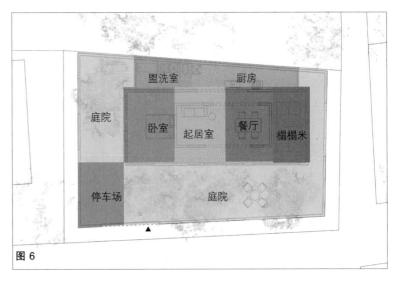

图 6

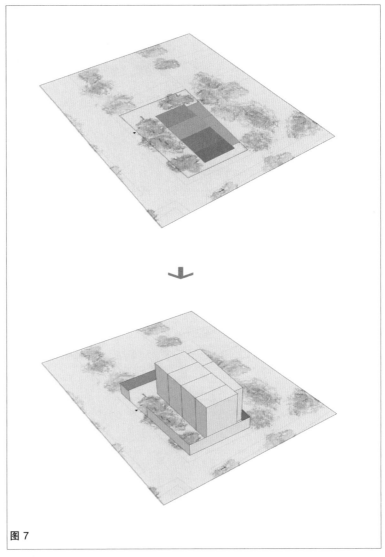

图 7

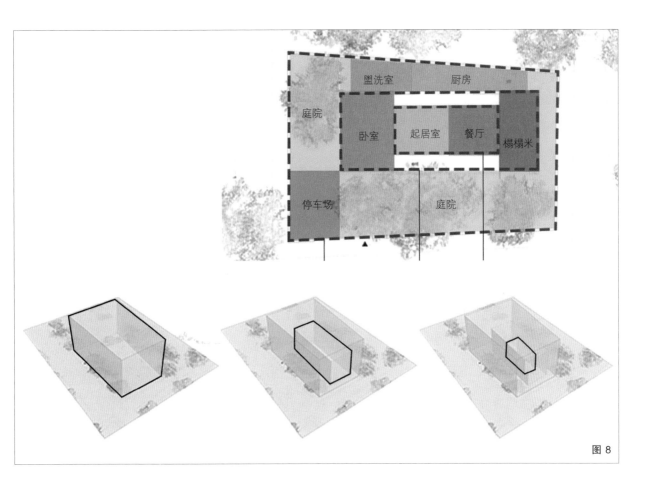

图 8

第一步，将平面布局由内到外划分为 3 个层次，并按照由大到小的顺序升起，得到了 3 个层层嵌套的立方体（图 8）。

第二步，在立方体上开洞。在这座建筑中，藤本壮介用了两种洞口形式：

首先，在使用者动线上开设当作"门"的"洞口"如图 9、图 10；

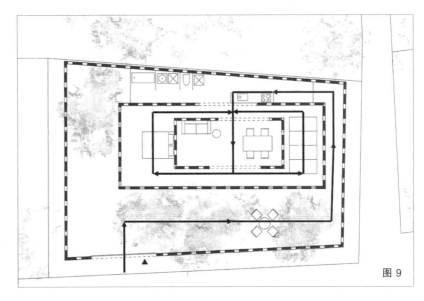

图 9

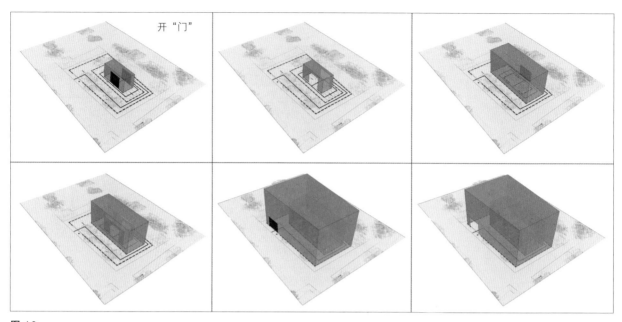

图 10

其次，在墙壁以及屋顶开洞，每一层洞口错位布置，使每个洞口框住的画面都不同，此外，这种方式还能为室内的一些活动区域增加私密性（图11）。最后，得到了一个从里到外都是孔洞的"白色盒子"（图11）。

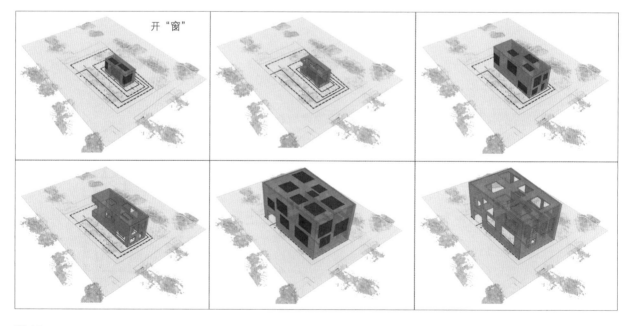

图 11

通过这种方式，住宅和街道的界线被软处理，由一道"实线"变为"虚线"，这道虚线需要在脑海中补全。这样就在一定程度上模糊了内外空间的界限，营造出外中有内、内中有外的意境。另外，"虚线"内外是一片空间，这就让建筑内的可利用空间增多，原来的"内—外"两套空间体系变成了"内—过渡×N—外"的多重体系（图12）。

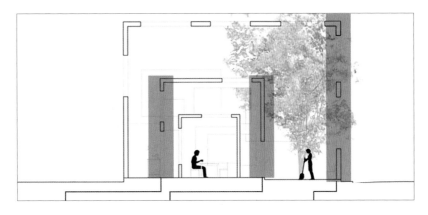

图 12

显而易见的是，这是一座私密性很低的住宅，来往的行人可以一眼看到住户的行为。然而，这也正是藤本壮介的一个解题技巧。通常情况下，我们会默认一切差异性的特点都是建立在基本使用需求的基础上的，而另一方面，这也意味着如果产生任何矛盾，我们也默认为要用牺牲差异性特点来满足使用需求，但藤本壮介却反其道而行，他更看重业主的个性化需求，为了满足这些个人小趣味不惜牺牲住宅的基本性能，比如私密性。

事实上，这可能也是一个特别讨巧的沟通方法。大多数普通人通常是意识不到建筑里那些基本问题的，比如尺度、流线、动静分区等（虽然他们也习惯了解决这些问题后的建筑，但意识不到这些问题的重要性）。所以，比起喋喋不休地说服业主牺牲他们的爱好去满足基本功能，一口答应业主所有需求肯定更受欢迎。

不管怎样，记住这个解题技巧，后面的内容里藤本壮介同学会反复用到。

项目：House NA

位置：东京郊区的密集住宅区中，周边是典型的日本混凝土住宅。

业主：40 岁左右的中年夫妇。

需求：这个家族的成员曾经如同游牧民一样经常搬家，寻找适合自己的地方及生活方式。他们希望自己的家能与其他小场所连接起来，将许多地方的"小碎片"在这个很小的空间中体现出来（图13）。他们的共识就是"比起像在餐厅吃饭、在起居室看电视这样的生活方式，像吉卜赛人一样走到哪里是哪里，事情都由自己来支配的生活方式来得更有意思"。

图 13

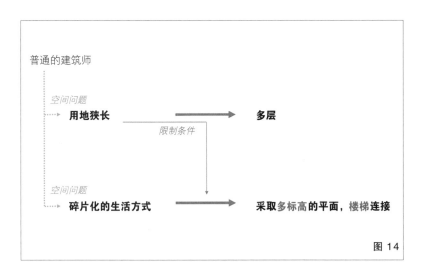

图 14

但这一次，地形狭长，用地很紧张。面对前面的需求，普通建筑师的解题思路如图 14 所示，设计出来的最好的建筑也就这样了（图 15）。这也不是不好，但错层的设计说到底也只是在解决功能问题，对业主梦想的"边走边唱"的生活方式的回应并不明显。

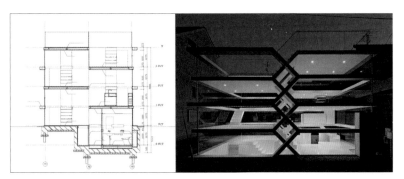

图 15

我们再来看看藤本壮介的解题思路（图 16）。他设计出来的内部空间如图 17 所示。你能数出来它有几层吗？在这个设计中，藤本壮介的原则就是：基地很小，不如就把它分得更小。不用房间而是用台阶和楼板创造出一个奇形怪状的空间，所有的空间功能都由在里面的人来创造。

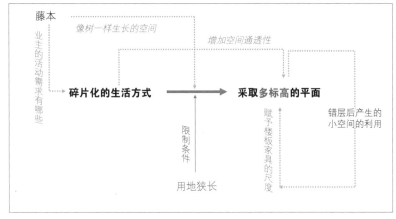

图 16

图 17

同样是错层手法，但这里错层的原因不同。除了打破层与层之间的界限，将主要功能碎块化之外，藤本壮介还通过错层的高度创造出了交接微空间，并借鉴了 2001 年他创作的一件概念作品"原初的未来建筑"（Primitive Future House）中提出的一个构想——家具尺度，即相邻功能区或者层与层之间的楼板通过上下错动可以形成"家具"供住户使用（图 18）。其中，最主要的操作手法就是用错位来连通每一层。

第一步，先按普通住宅的做法，按要求和功能确定出层数和柱网，越往上对应的功能越私密（图 19）。

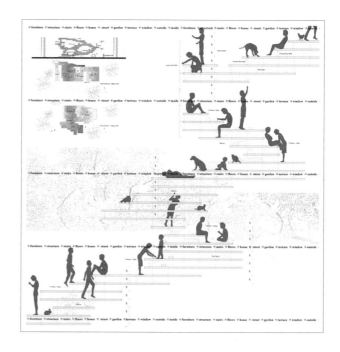

图 18　建筑整体以 35cm 间隔的板状积层所构成，35cm 是适合人体的尺寸，是人可以坐下来的高度，它的两倍 70cm 则变成桌子的长度，而它的一半 17.5cm 则刚好又是楼梯的高度……它们是椅子、桌子、地板、屋顶、楼梯，是照明、结构体，也是庭园，从这个连续的段差得以产生具有各种特征的场所，并由居住者来找出这些空间中的机能，在住宅中发现最理想的居住方式

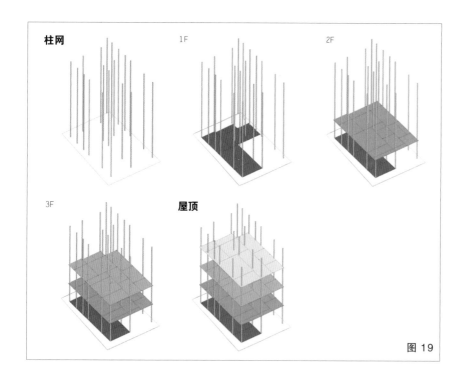

图 19

然后，将每一个功能区看作一个体块，得到一个由一堆体块组成的"方盒子"（图 20）。在这一步后，加上外立面和楼梯，我们就得到了一座传统意义上的住宅。它的楼板结构并没有改变，最多只是用外立面使住宅获得最大的采光面积。要想打破楼板与楼板之间的界限，就要用到下一步。

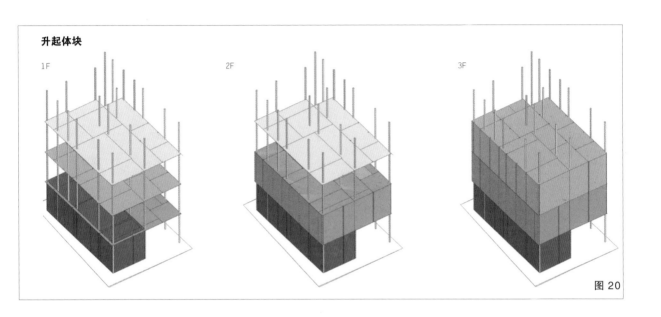

图 20

第二步，使每一层的体块上下"错动"，打破楼板之间的平衡（图 21）。这里楼板的"错动"形式有两种。

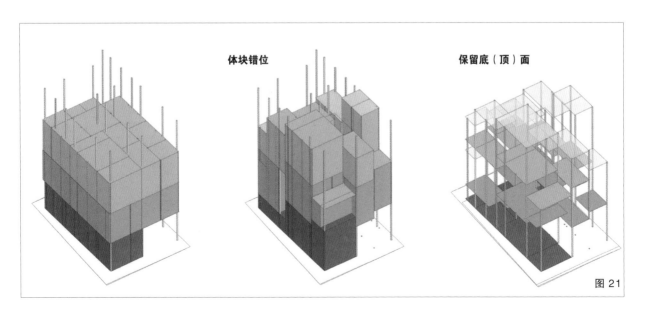

图 21

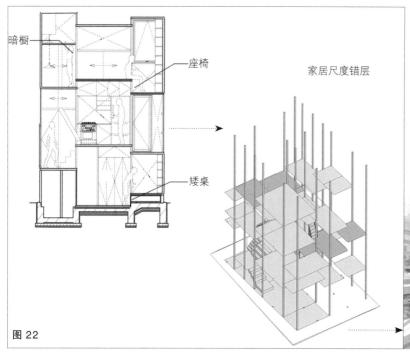

暗橱

座椅

家居尺度错层

矮桌

图 22

1. 同一层与主要功能区相邻的楼板之间"错动"高度，这时的高度主要满足桌椅或者楼梯尺寸的要求，在交接处形成可供停留的小型停留活动空间（图 22）。

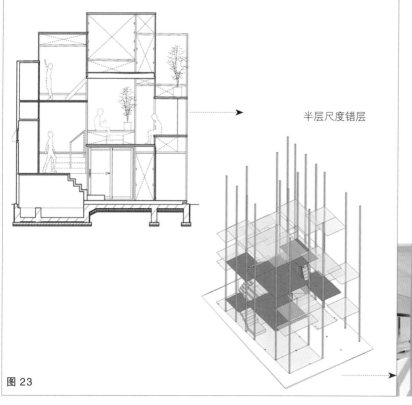

半层尺度错层

图 23

2. 主楼梯附近或者相邻两块功能区之间并不需要供人活动的空间，所以"错动"幅度较大，形成"半层"过渡空间或者需要在不同功能之间设置小楼梯，丰富空间层次，也增加了使用面积（图 23）。

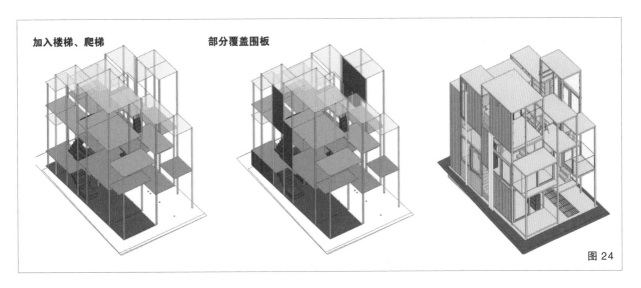

加入楼梯、爬梯　　　　部分覆盖围板

图 24

图 25

所以，这个看上去有好多层的 House NA 实际上只有 3 层，但这 3 层的各个部分通过在 Z 轴上的体块"错动"得到了现在的效果，从层层分明变为"层—过渡—层"的多套空间（图 24、图 25）。从外观上看，它像一个半成品——单薄、开放，感觉毫无隐私可言，但在内部空间的处理上，又真正地利用了模糊空间的手法，完成了碎片化空间的生成。

从 House N 到 House NA，藤本壮介通过实验两种办法——打洞和错动，将空间之间的实体界线虚化。分割建筑的角色由围护系统转变成空间系统，解决了传统住宅内外、上下失联的关系，使空间由密闭转为通透，同时也将藤本壮介"暧昧的秩序"的理念成功变为符号空间，呈现在了建筑中。

项目： House H

位置： 日本东京一个传统的住宅小
区中。

业主： 一对年轻夫妻和他们年幼的
女儿。

需求： 业主不喜欢陈旧的传统居住
模式，试图寻求新鲜与创新的居住
空间。基地比较狭窄（图 26）。

图 26

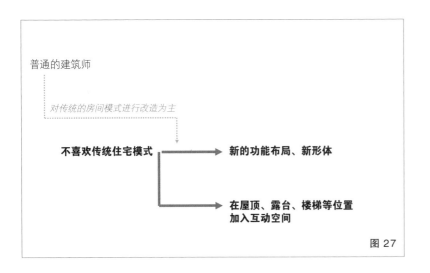

图 27

面对这个不够具体的需求，普通建筑师的重点可能如图 27 所示，做出来的住宅可能如图 28 所示。而藤本壮介的重点如图 29 所示。受 House NA 的影响，藤本壮介的设计切入点是个人的生活方式，这一次他还是采用了将生活空间碎片化的方式，但是处理手段和 House NA 不一样了。

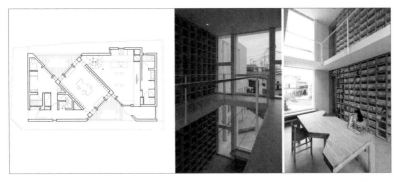

图 28

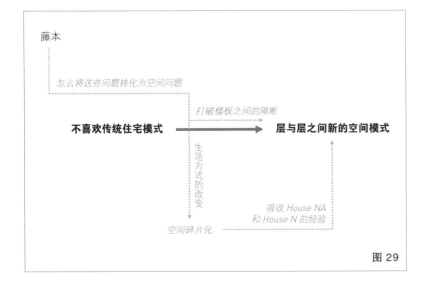

图 29

首先，确定层数以及功能（图30）。然后，将每一个功能区看作一个体块，将它们升起（图31）。然后，在每一个盒子上开洞为窗（图32）。这样首先得到的是一个和 House N 大同小异的住宅，但可能更为通透。

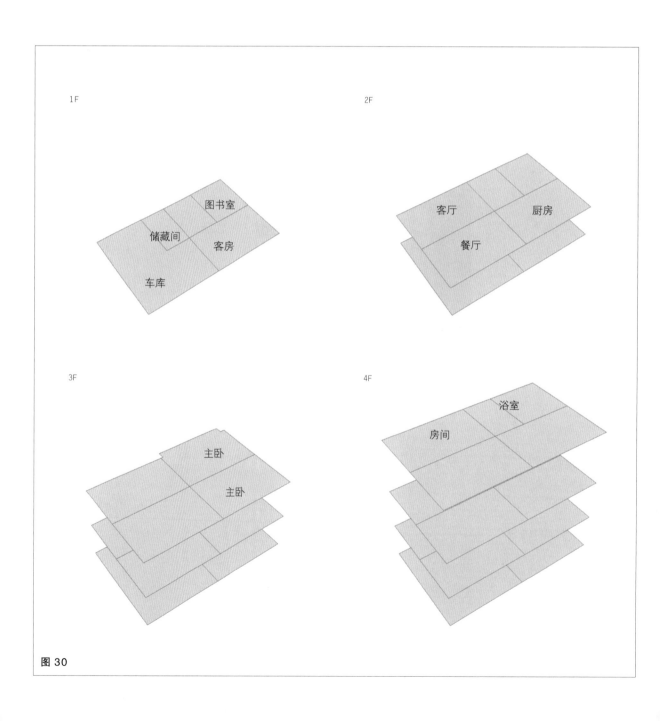

图 30

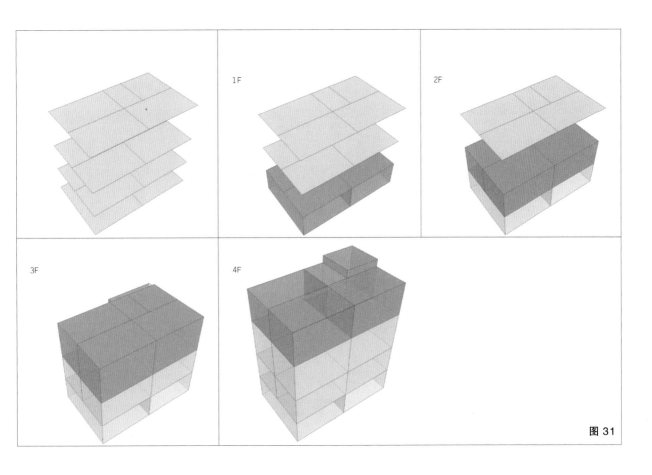

图 31

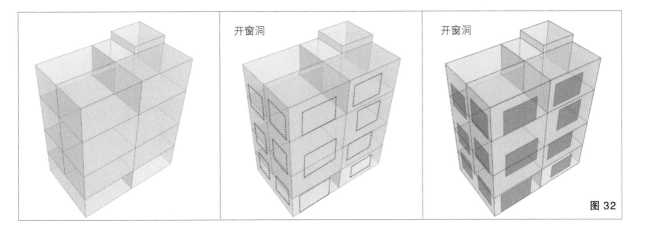

图 32

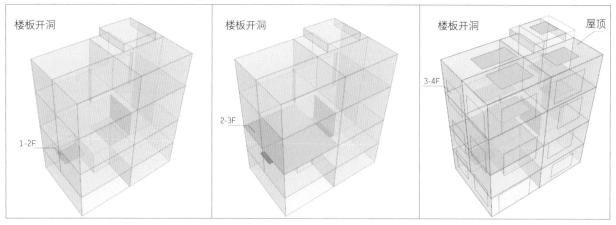

图 33

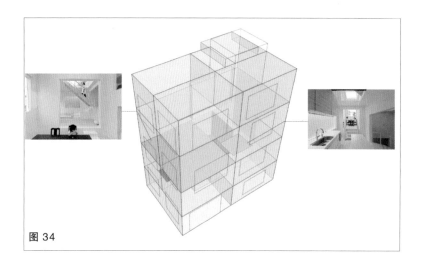

图 34

简而言之，House H 就是 House N 的 2.0 版——由单层到多层，首先起到了将业主生活空间碎片化的作用——这是正常多层住宅可以达到的效果。接下来，藤本壮介又开始了他的表演，即将这个多层不连续的空间相互渗透。这里就开始了 House N 的 2.0 模式 —— 在上下两层楼板上打洞（图 33）。借助开洞口的方式，室内空间产生了两种效果：第一种，通过打洞将上下两层的空间合为一个整体——直接塑造一个贯通多层的空间（图 34）；另一种，有的楼板打了洞之后为了便于使用，又用玻璃密封，只在视觉上做了形式上的连通，但是层与层之间在使用上还是隔断状态（图 35）。

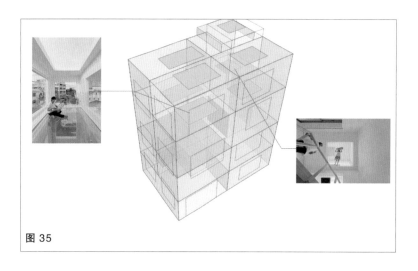

图 35

通过楼板上的洞口，层与层之间的关系由封闭转为开放。业主在家里的每一层都能够知道家人的动向。日常互动也并不需要在同一层面对面进行，通过这些贯通内部楼板的洞口即可做到。藤本壮介又一次将空间塑造成了符合自己理念的样子（图36、图37）。

图 36

图 37

通过藤本壮介同学的"作业"分析，我们可以得出这样一个道理：凡事看别人做，总是很简单的。为什么藤本壮介总能很好地给自己的空间生成体系找到一个切入点呢？答案之一就在于，藤本壮介很明白业主的诉求总是千奇百怪的，自己的理论不可能解决所有问题，但总有一部分问题能够用空间塑造解决——能抓住这一部分就够了。

我们在分析日本古建筑的时候，有时会说到这个民族因地理原因（多地震）而产生的末世情绪——凡事追求短暂而美丽，美致极、哀致极，因而才会诞生枯山水般的**侘寂**之美。但事实上，这种情绪对日本社会的影响之深比我们想象的还要大。当代日本人悲观压抑，不追求舒适安逸，反而愿意牺牲自己的一些生活便利去成全一个新奇的设计（反正土地私有，建筑成本也不高，不喜欢可以重来）。正是这种社会土壤催生了很多 House N 这样的实例，也使得他们的设计界异常活跃。

同理，日本建筑师也流着同样的悲观血液。他们亦不会认为自己有能力去满足所有需求，解决所有问题。更多的人都是如藤本壮介这般在一两个点上深入探究，创造奇迹，这也是为什么大多数日本建筑师都是因设计小型建筑而成名的。而且，即使 House N 之类住宅建筑成功了，也不会有人认为住宅就该是这样或那样，包括藤本壮介自己。

展示这些建筑只是想告诉大家，"那"东西也可以做成"这样"——可以颠覆一些生活习惯和世俗观念，弄成这样也挺酷，有舍才有得。

我们"吐槽"甲方苛刻，只是不想承认自己无能

韩国天安 Galleria Centercity 百货商场——UNStudio 建筑事务所

位置：韩国·天安
标签：中庭，概念原型
分类：百货商场
面积：66 700m²

图片来源：
图 1 ~图 3、图 6、图 7、图 12 来源于 https://www.archdaily.com，
其余分析图为非标准建筑工作室自绘。

卢梭说过："人生而自由，却无往不在枷锁之中。自以为是其他一切的主人的人，反而比其他一切更是奴隶。"建筑同理。设计是生而自由的，但也是在甲方无往不在的枷锁之中。说白了，甲方的属性就是出"金币"并获得提要求的权利，而建筑师的属性就是收"金币"并完成要求的任务。

建筑不是孤立的艺术。如果没有了甲方，其实也就没有"自由"建筑师存在的必要了。他们看似水火不容，其实却是捆绑的命运共同体。其实甲方的属性可能大家也算心知肚明，只是每个做建筑的同学心里都有一个大师梦——那些划时代的颠覆设计一定不是甲方逼出来的！但是，根据"设计界第一定律"：出钱的一定大于花钱的，所以，建筑大师必然也是戴着甲方给的枷锁跳舞。不同的是，有的是大师们跳得太好了，以至于我们忘了他们还有枷锁，还有的大师故意让我们忽略枷锁，以彰显自己的出神入化。

举个例子，UNStudio 设计的韩国天安 Galleria Centercity 百货商场
（图 1、图 2）。作为商业建筑，甲方要求有一个高端、大气、上
档次的中庭简直是再正常不过了，而设计复杂多变的中庭也算是
UNStudio 的"招牌动作"。

图 1

图 2

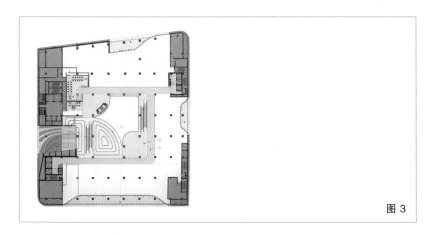

图 3

这样看来，甲方有情，建筑师有意，根本就是水到渠成的"天作之合"啊！但是，如果我们仔细分析这个"UNS 范儿"的炫酷中庭，就会眉头一皱——图 3 是百货商场其中一层的平面图，有没有觉得有什么不对劲？这个中庭所占的面积实在有点太小了吧。根本不可能出来照片上的那种效果啊，要知道整个商场的中庭足有 9 层高（图 4）。

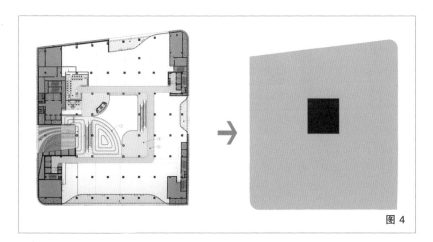

图 4

如果按照普通的中庭设计思路，这个中庭的效果大概如图 5 所示。这不就是个烟囱吗？原来看似"无害"的甲方在这里放大招等着呢——虽然使用面积很紧张，但是我还是想要一个中庭，并且是一个高端、大气、上档次的"大"中庭！

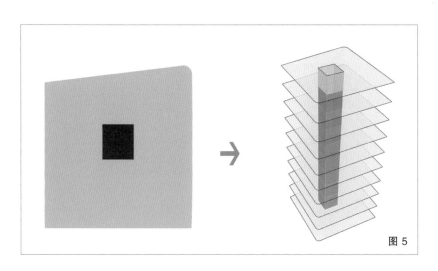

图 5

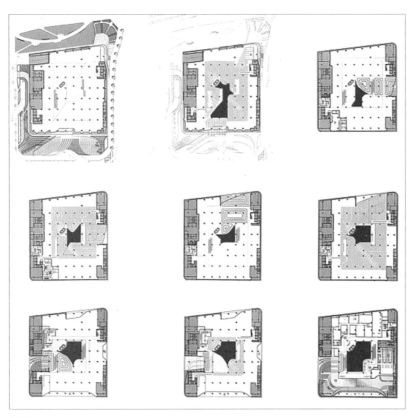

图 6

我们再把这座建筑每一层的中庭形状提取出来（图 6），结果就更明显了——面积还真的是很紧张啊，甲方果然没有骗人。那么，问题来了：就这些看着像从牙缝里挤出来的中庭是怎么做到甲方要求的"高端、大气、上档次"的呢（图 7）？

图 7

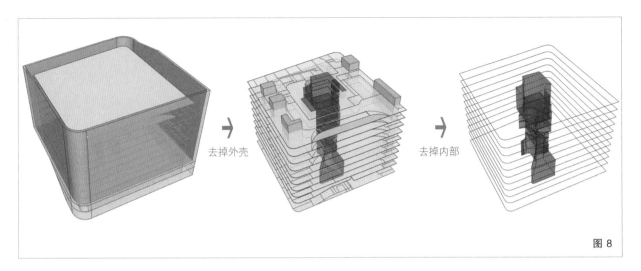

图 8

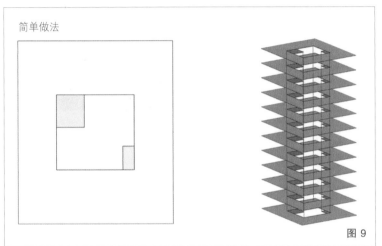

简单做法

图 9

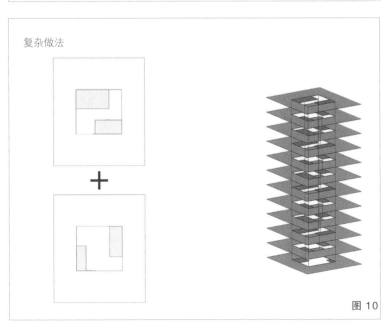

复杂做法

+

图 10

下面，让我们去掉建筑的外壳与其他部分，单独来看中庭（图 8）。肉眼可见，这个中庭的生成方法应该就是在对每一层楼板做加减法，基本上相当于做了一个异形孔洞的中庭。那么，一般我们通过加减平台的方法设计中庭会怎么样呢？同样的面积比例，最简单的就是一挖到底（图 9）。复杂一点就是在不同层的不同位置加减平台（图 10）。

但这样最多只能实现小而炫酷，而 UNStudio 这个大而炫酷的效果到底是怎么弄出来的呢？在回答这个问题之前，先问大家另一个问题：如何让一碗水看上去像有很多很多水？答案就是：让这碗水流动起来，无限循环往复（图11）。很多水景装饰品都是利用了这个原理（图12）。UNStudio 也是利用"流动"的方法让这个狭小的中庭变大的，这也符合 UNStudio 一贯擅长的做流线的套路。这家工作室最会通过设计往复循环的螺旋流线来生成空间。

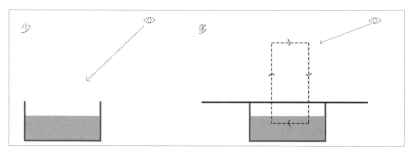

图 11

图 12

设计螺旋流线的主要方法一般是：选取一个可以生成闭合螺旋线的原型，打断、取线，再将"断线"放置在不同标高上进行重新连接。但这一次他们没有用这一套理论来生成交通体系，只用来生成中庭。设计师通过一条隐性的螺旋流线确定出主要出挑大公共平台的位置，以此来设计中庭的形态。通过这一手段，让平台"流动"起来，就像刚才所说的流水一样。

首先，根据使用功能挤出一个方形中庭作为一切变化的起点（图13）；然后，开始加楼板。具体操作如下：

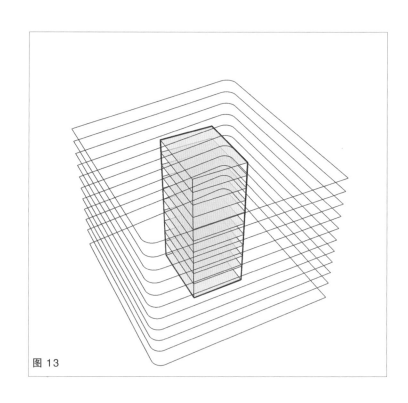

图 13

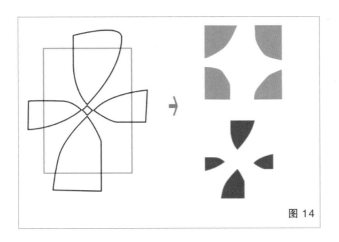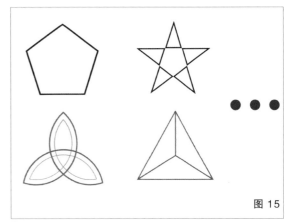

第一步：选取原型

该百货商场的平面是矩形的，中庭可通往四个方向，因此，这一次选用"四叶草"形的螺旋流线进行设计。从图案中抽象出带圆角的板块，由此确定中庭增加板块的主要形状（图14）。我们也可以选取其他原型，能闭合自循环的都可以（图15）。

第二步：先按普通中庭的做法根据功能确定每层的固有块，比如带有垂直交通的板块

在这个项目里，设计师选择在矩形中庭的对角位置加入贯通整层的观光电梯和观景平台（图16、图17）。这一步之后，得到的中庭就相当于我们用普通方法做出来的形态：够小，功能多变，但不够炫酷也不能"显大"。接下来，就是与"流动"的原理结合的一步。

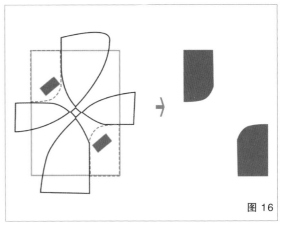

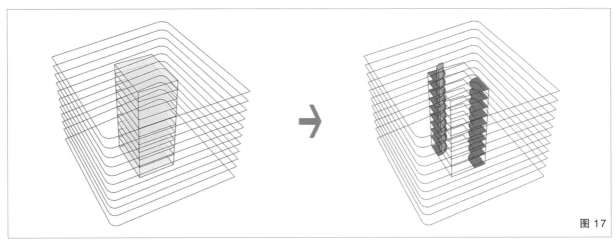

第三步：加入由螺旋流线抽象而得的主要板块

加入的方法与生成建筑时所用的手法类似，都是将图案打断，再放置在不同高度。在以流线生成建筑时，我们将不同高度下的线进行重新拼接，得到螺旋往复的流线，并以此生成其他空间。图18的奔驰博物馆就是采用这种方法生成的。而在该百货商场中，我们所要的则是打断之后剩下的面，将之作为主要平台放置在不同层的中庭里（图19）。放置层数的依据是建筑中的功能，由于贯穿9层的中庭总共连接着4个功能区，因此，主要平台放置在3层、5层、7层和9层（图20）。再由这些主要平台的位置向平面边缘延伸，并确定出各个功能区连接内外几层的区域（图21）。

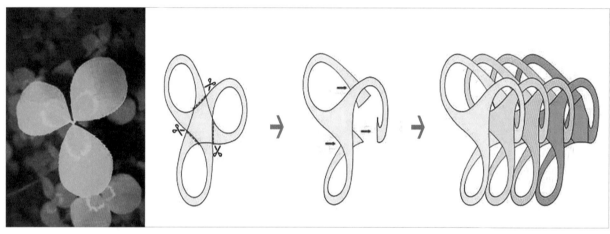

图 18

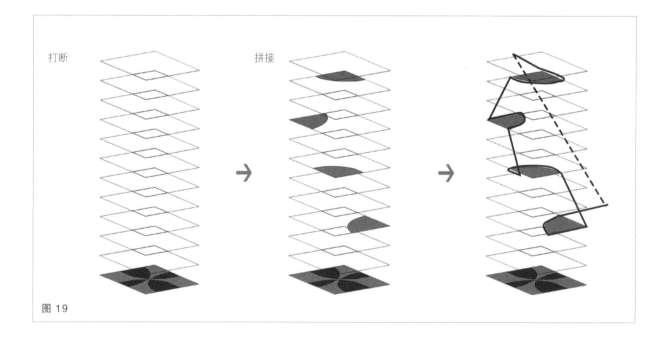

图 19

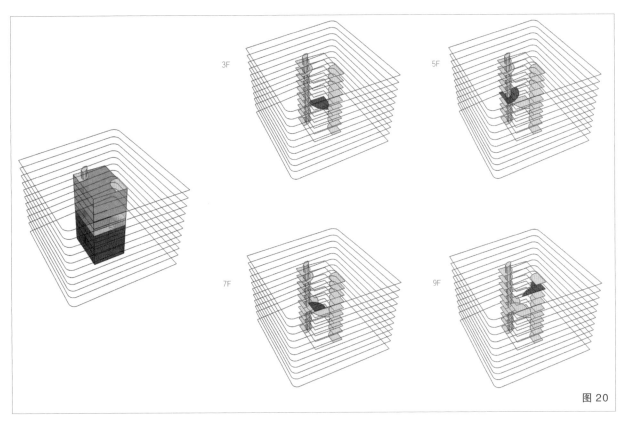

3F　5F　7F　9F

图 20

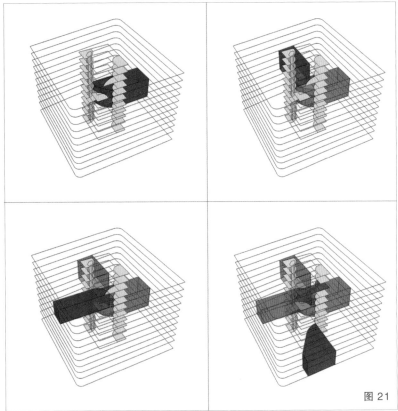

图 21

第四步：

对于非主要平台层，根据相邻的主要平台层的位置以及向外立面延伸的公共空间方向进行平台的出挑或者相减（图 22）。然后，将添加的固有板块和由流线生成的板块进行整合（图 23）。至此，

UNStudio 就得到了一个由圆形平台重复、积累、聚合形成的繁杂的中庭形式。加上屋顶的螺旋条灯增强曲线的流转，他们成功实现了甲方在面积紧张的情况下想要一个"大"中庭的梦想。

最后：

加上各层平台和其他交通核以及表皮，就得到了一个完整的建筑（图 24）。

UNStudio 用自己擅长的流线方法成功满足甲方要求做出了这个中庭，

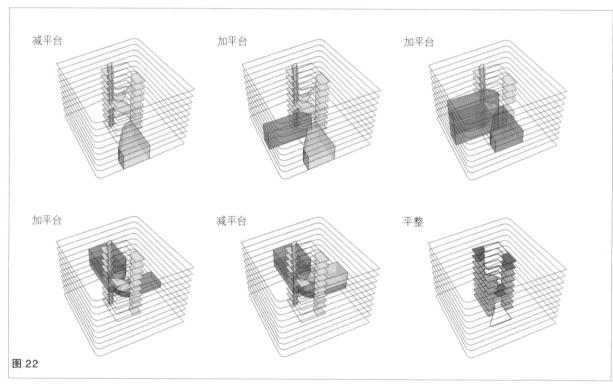

减平台　　　　　　加平台　　　　　　加平台

加平台　　　　　　减平台　　　　　　平整

图 22

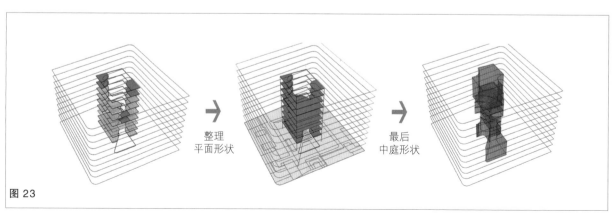

整理
平面形状

最后
中庭形状

图 23

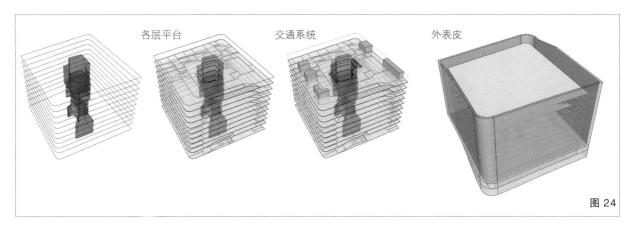

图 24

"套路"还是一条由原型提炼而出的螺旋流线，只不过由显性转为隐性，变成了一条贯穿 1 ~ 9 层的视觉动线。百货商场的中庭内部空间，以使用者为中心形成了许多视线连接点以及开放的界面，在带给顾客一种炫目感的同时，又因为主要平台围绕中庭旋转放置，在垂直方向上有很强的导向性，让人群从底到顶的流动更加通畅。配合着每层的微小变化，让人不会迷失方向。通过隐形流线设计出的中庭，在承载原本附加功能的同时，又因为视线的螺旋交替成了一个路标以及导向牌（图 25）。

对比 UNStudio 的其他作品不难看出，他们的很多作品里都有这种"套路"，即选取一个自循环的闭合原型，从中提取线或者面，并通过将之打断和在不同标高上的再拼接生成空间的某一部分或者整体（图 26）。

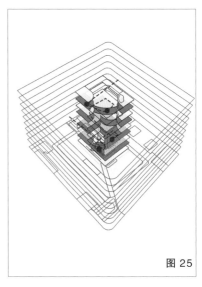

图 25

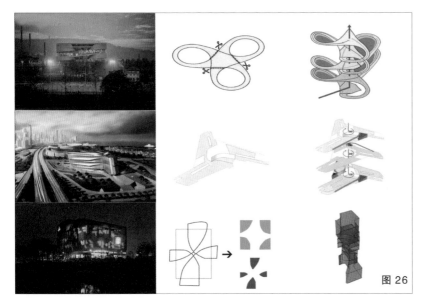

图 26

这个"套路"其实就是每个建筑师都渴望的所谓"个人风格"。但是，如果没有甲方的各种苛刻的要求加持，所谓"风格"根本就毫无意义。凭什么你做个三叶草就能称王？我还画个西瓜说天下第一呢！甲方的苛刻要求其实就是你建筑风格的试金石，三叶草厉害还是西瓜威武，就要看谁能完美解决这些难题了。其实我们"吐槽"甲方苛刻，只是不想承认自己无能。

在等待 ofo 退押金的日子里，
我做了两个建筑方案

公寓式住宅——日本高知县建筑师工作室
（Kochi Architect's Studio）

位置：日本·千叶县
标签：切割，空间共享
分类：住宅
面积：177m²

Kanousan 别墅——柄沢祐辅建筑设计事务所
（Yuusuke Karasawa Architects）

位置：日本·千叶县
标签：切割，空间共享
分类：住宅
面积：87.69m²

在 2018 年 12 月 17 日，ofo 退押金开始线上排队，我排在了第 869 677 位。68 天之后，我成功拿回我的 199 元押金，感觉自己达到了人生巅峰。

话说回来，铺天盖地占领各大中小城市的共享单车，怎么就突然兵败如山倒了？这事儿好像和建筑没啥关系。其实很有关系。建筑学本质上是一门社会学科，一切和人相关的事儿都应该引发建筑师的思考。经济

个房子的真实空间就是 $n \times a+b$。但因为 b 是共享的，所以每个 a 的使用空间就变成了 a+b。因此，在这个房子里感受到的空间就成了 $n \times (a+b)$（图 1），得到的是如图 2 所示的这种效果。这有点相当于在空间之中又加了一个空间的感觉。

估计大家此时就会出提出疑问：

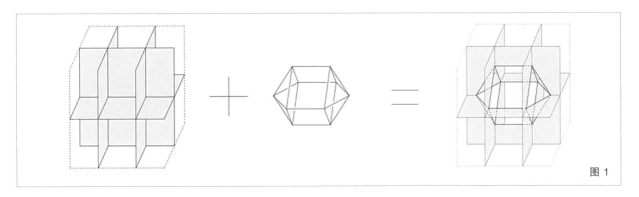

图 1

学上有一个概念叫"非顾客"，特指那些有消费意愿却没能成为顾客的群体。"非顾客"出现的原因无非有两个：一是贪，9.9 元也要包邮；二是懒，想吃的在嘴边，想用的在手边。

在中国互联网语境下，谁能用创新模式满足这些欲望，谁就会"封神"。比如，共享单车想解决的问题是"懒"，却被"贪"打败了。简单说，经营者的算盘是一个东西大家随便用，但要共同承担成本。但这事儿在消费者心里就变成了这个东西"我"可以随便用，且不用承担成本。然而，"如果不是你的，那就算我的"这种小自私心理，在建筑师眼里倒不一定就是坏事。如果换成一个空间，用的人越多，就意味着空间越大，换成时髦的词就叫"空间体积共享"。

什么意思呢？比如，一个房子里有 n 个 a 空间和 1 个 b 空间，a 是功能空间，b 是体积共享空间。那么这

1. 加的空间去哪了？创造的空间形式是怎么得来的？怎么应用？
2. 建筑本来就那么大，按道理，这样人为地加空间会缩小原来各个房间的空间，这样应该是让空间缩小了，怎么反而是放大了呢？

老规矩，我们拆开来看。

图 2

日本高知县建筑师工作室对一栋典型的两层公寓楼进行了内部改造。这个公寓从外表看就是一个平平无奇的建筑（图 3），但是里面的空间却很有特点（图 4、图 5）。

图 3

图 4

图 5

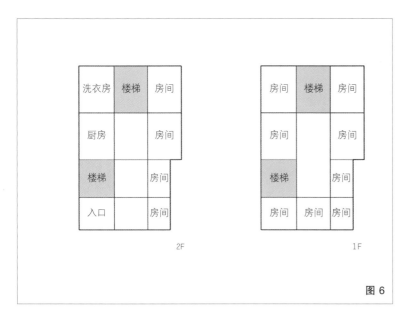

图 6

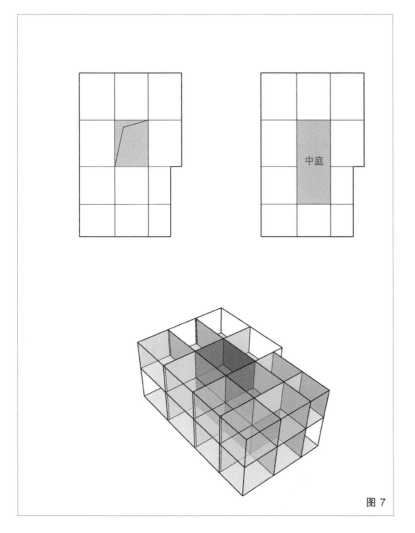

图 7

既然它是一个改造项目，性价比最高的方法就是不要去乱动它的结构和平面形状，因此，设计师依然保持了建筑内房间串联的布置形式（图 6），只是在这些房间中心围合出了一个以前不具备的核心空间，类似于公共建筑内部的大中庭（图 7）。

但这样是远远不够的，最多做成一栋拥有二层通高空间的小别墅，依然平平无奇。为什么这个二层通高空间不能从本质上提升建筑的品格呢？因为这个空间太小了啊。如果进门就给你一个扎哈式的大手笔，想平淡也不可能。所以，"空间体积共享"解决的是怎么让小空间变大、变丰富的问题，如果空间够大就直接去做中庭吧。

第一步：确定所要创造的几何空间的形式

由于要保证最好每一个房间（除卫生间）的空间都要共享，因此，可以选择以房间交点向四面的房间切三角形的形式，也就是用四棱锥作为切割实体的空间形式（图8）。

第二步：根据房间的私密性选择合适的四棱锥进行切割

私密度越高的空间所用的四棱锥越小，活动频率越大的空间四棱锥越大（图9）。

第三步：切割

将切出来的空间和中间的公共空间合并（图10）。

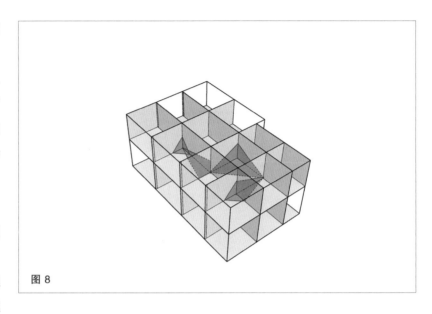

图 8

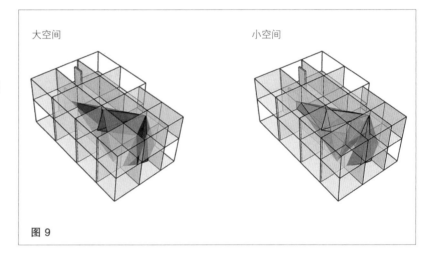

大空间   小空间

图 9

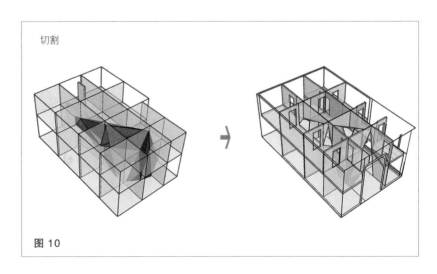

切割

图 10

最后，在每个有角度的胶合板平面涂上不同的颜色，色彩的变化又给内部空间增加了一种层次（当然这也可能只是房主的个人喜好）（图 11、图 12）。

图 11

图 12

回答前面的问题，切割用的空间去哪儿了？

在这个案例中，建筑师先围出一个可以串联各个房间的公共空间，再将创造的切割空间与之结合，就得到了一个异形的两层通高共享空间。这个空间与建筑内的每个房间连通，获得视觉上的空间扩大效果，同时也从真正意义上获得了一个大空间。那么当建筑面积更小，根本不可能做出一个串联空间的时候，还能通过这种手法扩大空间吗？

这是位于日本本州岛深山里的一座周末度假住宅。建筑就在山坡上，从外看就是一个简单的立方体（图 13），但内部又很复杂（图 14、图 15）。因为这座建筑的面积实在太小，单层只有 50m^2，画成"田字格"大概是最实惠的平面布局了，设计师由此得到了一个 2 层 8 个房间的小房子（图 16）。

图 13

图 14

图 15

显然，像上一个案例那样的共享手法在此肯定就不适用了，这就要用到另一种方法：用一个几何形体插入空间之间的边界，共享相邻房间内的空间。如果不能开一个贯穿的大口子，那就开很多个小口吧。

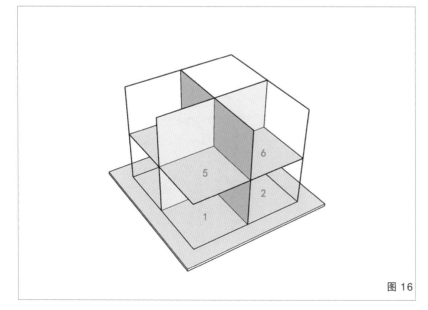

图 16

第一步：确定要用来切割实体的几何空间形式

因为这个建筑是个方盒子，而且又建在坡地上，所以可以直接采用正方体这种形式作为"切割工具"。它们与房间要有一定角度来保证室外景色的最大化引入。角度为边界所在等高线坡度的夹角（图17）。

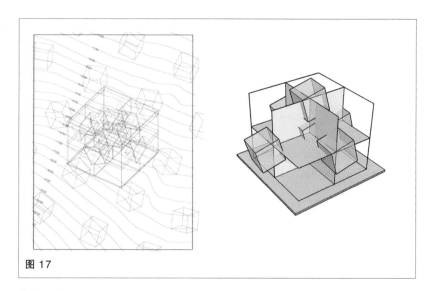

图 17

第二步：旋转立方体

为了打破同一个立方体对它所切割的墙体造成单调的重复，对全部6个立方块进行一定角度的旋转，让它们的坐标轴和建筑不在一个方向上，打破切割的平衡感（图18）。

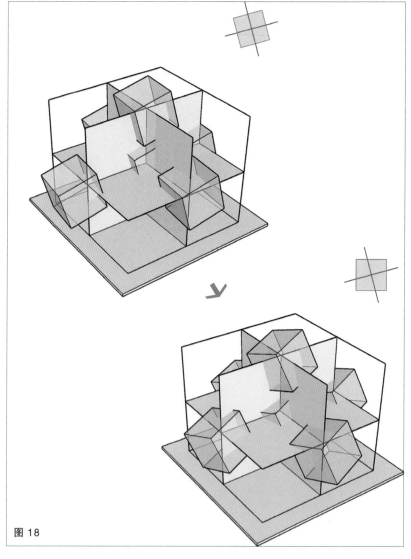

图 18

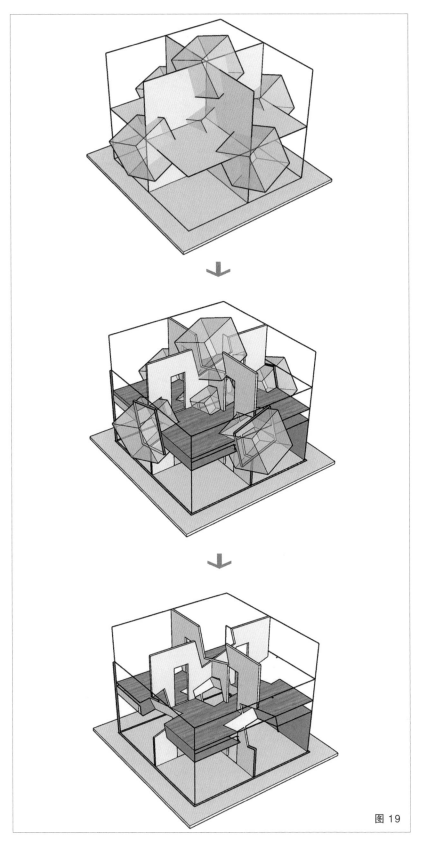

图 19

第三步：切割

切掉立方块中原本封闭的部分墙体
与楼板，这样就打通了 8 个空间。
为保证原有房间的可用性以及私密
度，立方体一面的大小不应超过
房间面积的 1/4。这样就相当于在
原有的空间内硬加了 6 个"空间"
（图 19）。

最后，在四面切割部分加窗户完型。这个表面平淡无奇、"灵魂"却高贵有趣的建筑就完工了（图20）。

接下来，我们再来回答创造的空间去哪了。

这些倾斜和独立的立方体在8个空间中形成了相邻房间的共享观景空间以及中间的"公共中庭"，让各个房间相互连通，并与外界相通。每个房间除了自己对应的室外景观，还有和相邻房间的公共景观。原来的8个单独空间现在可以看作"8+6"个空间，但由于每个房间的使用面积不变，所以增加的立方体空间其实是"隐形"的（图21）。

最后的问题：为什么这样做可以起到放大空间的作用呢？建筑内空间共享的本质其实是让使用者视域共享，也就是说，视线被延伸导致空间的"心理"边界被延伸，那么使用者就感觉空间变大了。当我们增加的共享体积空间没有改变原本使用空间的面积时，可以说空间是"隐形"的，就如同第二个案例一样，实际使用的空间面积还是那么大，就是使用这种手法的最完美效果了。

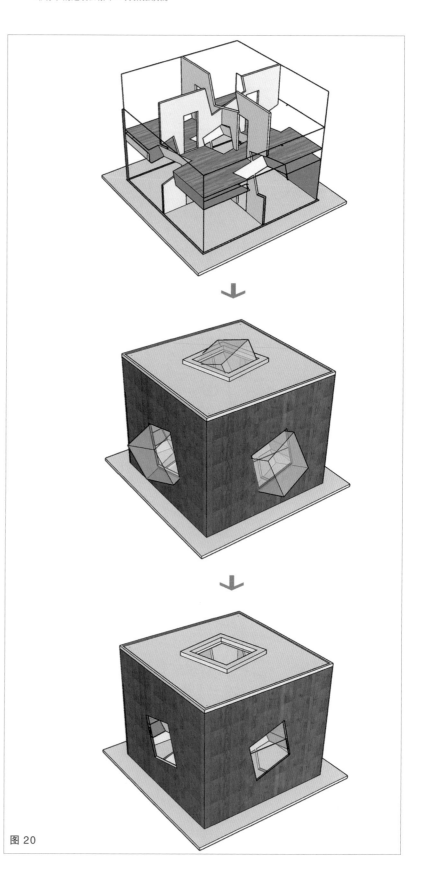

图 20

图 21

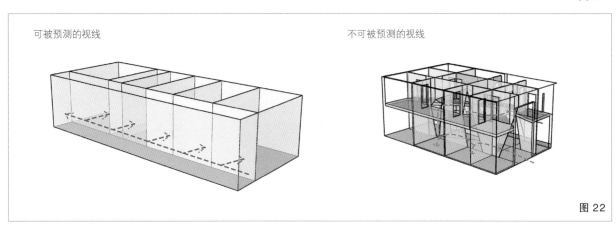

可被预测的视线　　　　　　　　　　　　　　　不可被预测的视线

图 22

但同样是视线的延伸，普通走廊＋房间的联排形式为什么不能产生和这个手法一样的效果呢？答案是参照物不同。联排房间产生的是一种符合透视规律、有视线尽头的空间效果。按照一般的生活经验，我们就可以感知到空间大概的大小，而在空间共享手法中，最重要的技巧是保证视线无规律地延伸。

本篇案例一中采用不同几何形式切割的房间，和案例二中的旋转立方

体其实都是在有意改变我们习惯参照的三维坐标系，使新空间和原有空间不在一个坐标体系上来混淆透视规律，也就颠覆了心理习惯的空间认知经验，产生新的空间体验（图 22）。这事儿有个特别"不明觉厉"的说法叫改变空间维度或者分维空间。大家写论文的时候可以拿出来提升层次，平时做方案的时候记住"能歪着就别正着"就行了。

有人说，共享经济满足了人的劣根性，所以必将被人的劣根性所打败。但人性本就是灰色的，没有那么好，也没有那么坏，这就是人之所以为人的魅力，也是所有一切与人相关的事物的魅力。但无论一门生意，还是一座建筑，当然是调成高级灰，才是最高级的啦。

懒得取题目，你自己看吧

富兰克林与马歇尔学院新视觉艺术中心——史蒂文·霍尔

位置：美国·兰开斯特

标签：被动，底层架空

分类：艺术中心

面积：3255m²

图片来源：

图 1、图 21 ~ 图 23 来源于 http://www.stevenholl.com，

其余分析图为非标准建筑工作室自绘。

懒是一种病，我已经懒得治。作为建筑师，我的梦想就是回家躺着，这没什么不好意思说出口的，只是，这个世界上还有另外一种生物，他们的梦想是躺着看我画图！他们的名字叫甲方、领导、老板等，视出没场所不同而定。当然，我也没什么意见，因为我懒得有意见。

虽然我懒得有意见，但我也懒得做方案。不过，建筑学作为一门有悠久历史的成熟学科，它早已经学会自己做方案啦。来，看看建筑自己做的方案。

这是史蒂文·霍尔设计的富兰克林与马歇尔学院新视觉艺术中心（图 1）。为什么说这是个建筑自己做的方案呢？因为建筑师在设计全程都不用动什么脑子，被动跟着走就行了。对，霍尔也有偷懒的时候。

图 1

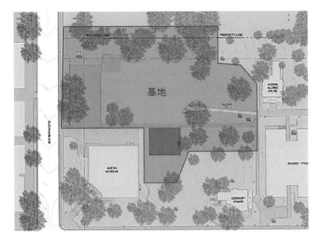

图 2

首先，基地如图 2 所示。看着很正常，所以下一步就应该想理念、想造型、拉体块、摆功能等。真是想想就觉得很累。

第一步：懒得做平面

基地里有一堆树，懒得砍，更懒得修理。那就凑合着在树缝里描个平面吧（图 3 ~ 图 5）。于是，就有了这个被动产生的平面（图 6）。

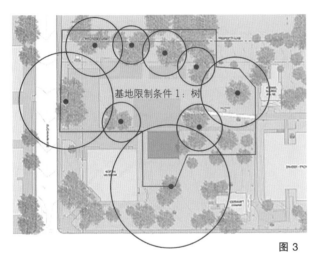

图 3

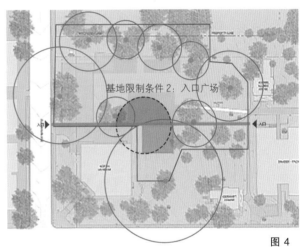

图 4

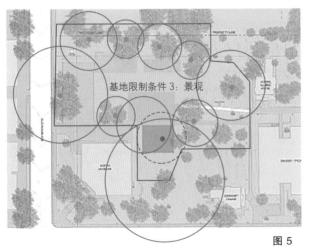

图 5

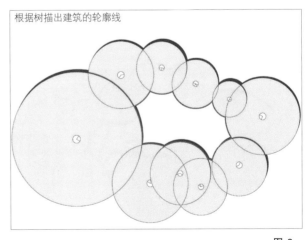

图 6

接下来就是划分房间功能了：懒得排柱网，就把树心
连起来凑合用吧（图 7）；再加上交通核（图 8、图 9）。
房间个数不够，再加点隔墙（图 10、图 11）；再加
入功能，挺像模像样嘛（图 12）。

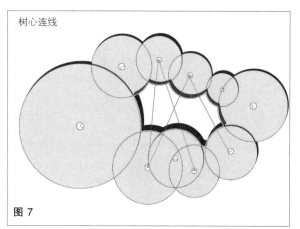

图 7 树心连线

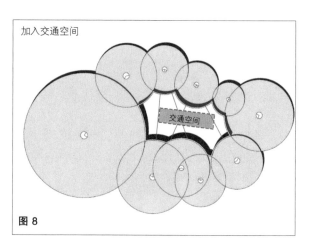

图 8 加入交通空间

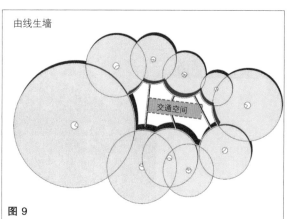

图 9 由线生墙

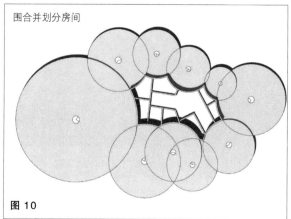

图 10 围合并划分房间

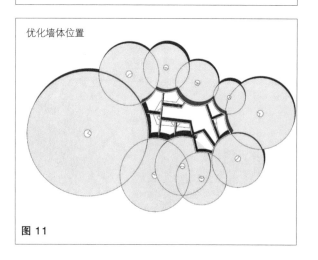

图 11 优化墙体位置

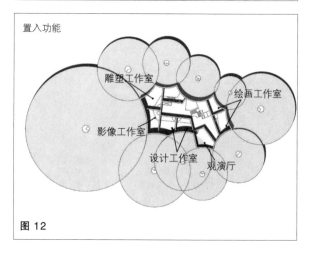

图 12 置入功能

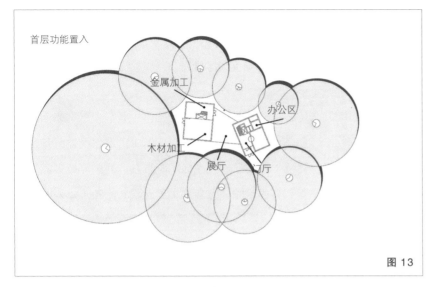

图 13

另外，还有一些展厅、门厅、办公室等零零碎碎的房间没布置——再来一层吧，面积又不需要这么多——秉承着能不动脑就不动脑的原则，直接做成两个方盒子，丢进首层完事儿（图13）。甲方要是问，就说故意设计成底层架空的。

第二步：懒得做形体

这就更不用动脑了，直接把平面图拉起来不就好了吗（图14～图17）？

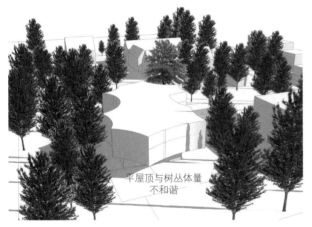

图 14

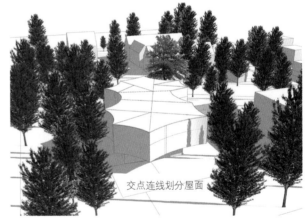

图 15

图 16

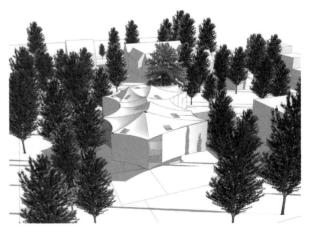

图 17

第三步：懒得做立面

对于患"懒癌"的建筑师来说，"立面设计 = 开窗"，而"窗开在哪儿 = 窗需要在哪儿"。在这个方案里，也没什么正经需要，那就看看树吧——有树的地方就开窗（图 18 ~ 图 20）。

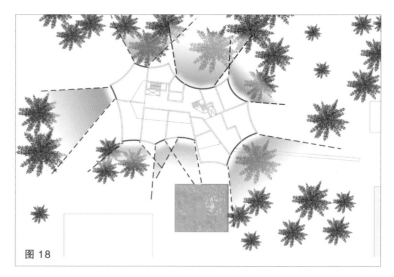

图 18

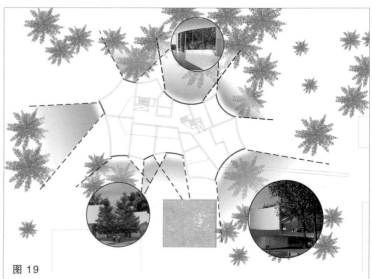

图 19

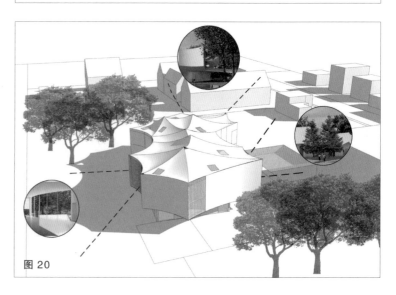

图 20

图 21

图 22

图 23

最后，加上霍尔经典的水池"照耀"入口就可以收工回家躺着啦（图21、图22）。

说到底，所谓设计不过是一个有理由的任性妄为——如果找不到一个理由，那就自己编造一个理由，只要你能说服自己，并且说服别人。

设计是脑力游戏，不是体力付出。就像霍尔的这个方案，其实也没有什么了不得的工作量，没有你几十张的分析图，也没有你360度无死角的效果图，只有两张连透视都不准的手绘，却闪耀着智慧的光芒（图23）。正是"我有我的诗和远方，我还有我的懒和嚣张"。

王小波说："人们懒于改造世界，必然勤于改造自己……懒于进行思想劳动，必然勤于体力劳动，懒于创造性的思想活动，必然勤于死记硬背。"而我们大部分人在大部分时候，就是在既不敢嚣张又无力奔向远方的焦虑中生硬地努力着，因为我们虽然无法让自己懒得心安理得，却可以在无意义的努力中活得心安理得。然而，懒至少还能落个安逸，但无意义的努力就只有无意义。

自己是"受虐体质"，
就别怪甲方苛刻

丹麦国家海事博物馆——BIG 建筑事务所

位置：丹麦·赫尔辛格
标签：流线
分类：展览类建筑
面积：6000m²

卡塔尔国家图书馆——大都会（OMA）建筑事务所

位置：卡塔尔·多哈
标签：折纸
分类：图书馆建筑
面积：52 167m²

作为一种天生"高冷"的生物，建筑师真的是把一辈子的温柔和耐心都给了甲方。结婚的日子可以忘，交图的日子那是万万不能忘的；女朋友可以随便跑，甲方是万万不可以跑的。这些也就算了，最让人不能理解的是，作为一个建筑师，为什么要每天操心甲方不懂建筑？"凹"个造型怕他看不懂，调整个功能又怕他看不懂，变化个空间还怕他看不懂。我就不明白了，他要是什么都懂，还要你干什么？更可怕的是，本来甲方就想在那儿静静地看着你表演，做个安静的甲方，你唠唠叨叨、孜孜不倦地非得让人家明白。好吧，既然我已经看懂了，那我就提点意见吧。

后悔是没有用的。那什么有用？当然是想出更深的"套路"，让甲方摸不透、看不清、听不懂啊。

这就不得不说"套路王"BIG建筑事务所设计的丹麦国家海事博物馆（图1、图2）。

图 1

图 2

这个设计最大的心机就是对甲方来说，建筑既没有形体，也没有立面，连常规的平面布局都没有，你让甲方怎么提意见？为了保留船坞旧址的原貌，以及尊重 500m 外的卡隆堡宫，BIG 将展区置于地面之下，把原有的船坞作为采光大庭院和开放的室外活动区。就这么简单，建筑形态和立面就都消失了（图 3）。而最喜欢对平面布局提意见的甲方在这个设计里也是无话可说，因为 BIG 根本就没排平面，人家设计的是流线！

生成逻辑也很简单。首先，将围绕原船坞的基地划分为双层环形展廊，其本身就具有自封闭、可循环的流线特征（图 4）。

图 3

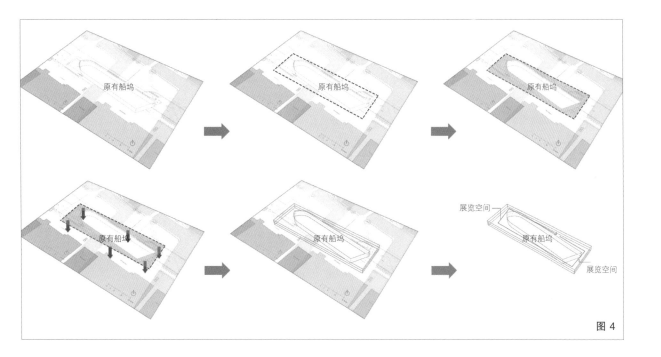

图 4

其次，根据方形基地被船形切割出的空间的宽窄，自由地划分出不同大小的展厅（图 5），然后嵌入"之"字形挑空连廊（图 6），并让"之"字形挑廊在垂直方向上倾斜形成阶梯会场，最后再加入楼梯（图 7）。

图 5

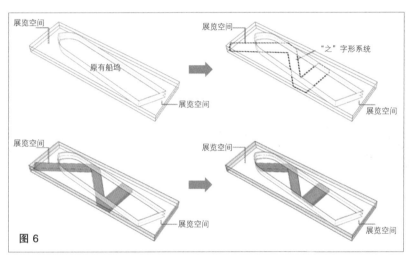

图 6

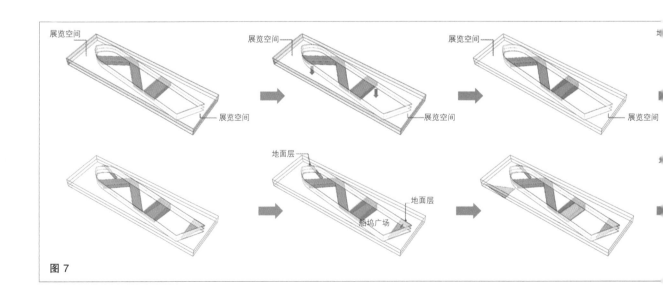

图 7

由此，这个"之"字形连廊将地面层与地下一、二层的展览区联系起来，并且将完整的旧船坞广场切割成不同空间——功能块也就随之产生了（图8）。

连廊的顶层不仅联系了地面层与地下一层展览区入口，还将凹形地块两边的广场联系了起来（图9）。由于整个展览空间都是由流线构成的，自然就省略了平面布局的步骤，也就避免了被甲方提意见的麻烦。而对游客来说，展览空间的化零为整以及参观视角的不断变化也使得参观体验更加立体和完整。

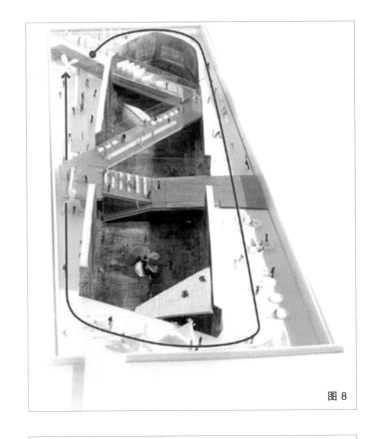

图 8

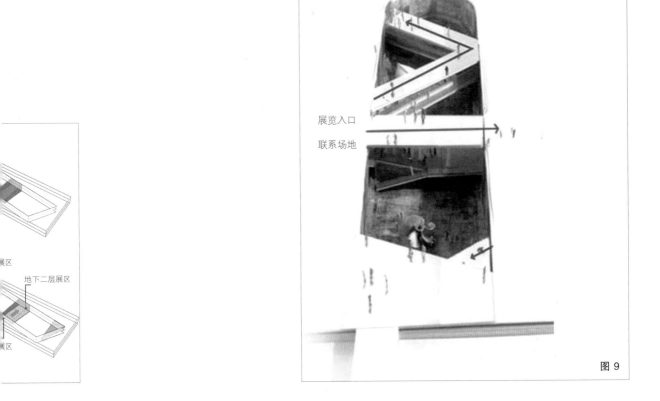

展览入口

联系场地

图 9

说实话，我觉得 BIG 其实也还算厚道，至少人家动了很多心思。下面这个方案就直接多了，完全就是专业碾压！这个方案就是库哈斯和他的团队在多哈设计的卡塔尔国家图书馆（图 10、图 11）。

图 10

图 11

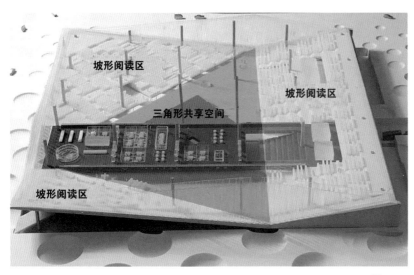

图 12

对于这个超现代形式的造型，库哈斯的解释是随手折了折纸就有了。当然，库哈斯可不只是折个造型这么简单——他"随便折折"还把空间布局也顺手折了出来，折出的墙面形成了坡形阅读区，中部折出的三角形的共享空间可以用作沙龙等，供交流活动使用（图12）。

打破楼层一向是库哈斯的惯用手法，这样可以消除楼层的约束感，使垂直空间更具流动性。通常的做法是打通楼板，用坡道或者大台阶来联系各层。但这次，库哈斯直接将建筑做成了一个整体，用折起的坡形来划分层次，算是惯用手法的反逻辑——在完全流通的空间内用坡道来创造层级（图13）。

这个大空间的优势在于它的可达性和吸引力。首先，通过东侧的灰空间入口可直达地下一层的中心——历史藏品区，通过西侧的灰空间入口可直达三角形的中心共享空间，而无须经过建筑内部的交通系统（图14、图15）。其次，位于三个坡形阅读区的读者可以由斜坡轻易到达中心共享空间及其他阅读区。联系平台加强了三个阅读区以及中心共享空间的联系，减弱了空间扁平化所带来的疏远问题（图16）。

看明白了吗？一个创意贯穿了建筑的形态、空间和平面布局，这就是高智商和高专业素养的"一击致命"！你甲方想改吗？你随便改一下，整个方案就全都要推翻了哦，再做一个可就要收第二个方案的钱了哦。

图13

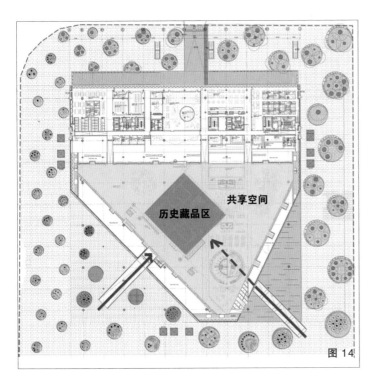

图 14

图 15

图 16

我们总是自嘲"甲方虐我千百遍,我待甲方如初恋",都被甲方虐出感情来了。但问题是,商业社会里大家都按商业规律办事,为什么受伤的总是设计行业?如果甲方想要一架航天飞机,他会对飞机的设计方案指手画脚吗?不会。因为整个方案是一个精密严谨的系统,牵一发而动全身。而作为建筑师,我们提供给甲方的是什么,我们提供的是一堆知识点,即使随便改、随便换,也不会有影响,因为本来互相之间也没什么联系。

是,设计行业外延太广(随便一个什么东西都可以成为灵感来源),核心技术又没有强制性逻辑支撑(没有什么公式定理可以套用),所以专业话语权比较弱,似乎任何一个人都可以说上两句。但是,逻辑差不代表可以没有逻辑,话语权弱也不代表就没有话语权,这一切的关键就是——建筑师!

什么叫设计能力?不是你能把门窗做出花来就是能力,而是你能让门和窗之间产生奇妙的关联这才是能力!我们这么努力,就是为了有说"不"的权利。你可以不喜欢我的设计,但是,你无法改动我的方案!

如果既没有钱又没有尊严，
以后谁来做建筑

乐高之家——BIG 建筑事务所

位置：丹麦·比隆
标签：模块化
分类：文化类建筑
面积：12 000m²

图片来源：
图 1、图 6、图 9、图 14 ~ 16 来源于 http://www.archdaily.com，
其余分析图为非标准建筑工作室自绘。

积木可以推倒重来，生活却没那么容易。无论当年是冲动还是"手滑"，反正咱们选了做建筑这行，还本本分分、兢兢业业地干了这么多年，难道还想推倒重来吗？但是，不推倒重来却又被围困其中。誓死捍卫的建筑艺术被大众不屑一顾，没有钱也没有尊严的职业现状让建筑师再自我麻醉也解不开这四面楚歌的"绝命死局"。

拿别人的钱实现自己的梦想本就是个伪命题，拿人钱财与人消灾才是江湖法则。甲方没有错，不屑一顾的大众也没有错，错在建筑师们对"土味"审美的不屑一顾，对不屑一顾依然不屑一顾。要知道，钱是别人给的，尊严是自己挣的。

看这个案例，BIG 建筑事务所设计的乐高之家（图1）。

看看这方案的"架势"，不就是个北欧版的五粮液大厦吗？咱们不能因为积木比酒瓶更符合建筑审美，就说积木房子比酒瓶房子更高级，这太"双标"了。本质上，它们都是产品形态的具象表达，两者半斤八两。当然，BIG 的乐高之家肯定要更高级一点。但高级的不是形象，而是在建筑层面对产品特性进行了表达。

图1

所以，第一个问题就是：乐高到底是个什么东西？我知道问这个问题看起来很傻，地球人都知道，乐高是积木。那么，第二个问题来了：乐高是什么样的积木？

★**划重点：**

乐高是统一模数的单元块，且在水平方向上不能拼接。基本玩法是通过垂直方向上第二层的块与第一层的块"搭扣"拼合而完成图形。所以，无论你搭出多么酷炫的形体都还能一眼看出乐高块的堆积感（图 2）。而 BIG 在这个方案里最重要的建筑创意就是敏锐地提炼出乐高的这一根本特点，并将其转化为建筑语言——所有功能体块都是通过在垂直方向上的第三个体块搭接而产生联系的（图 3）。

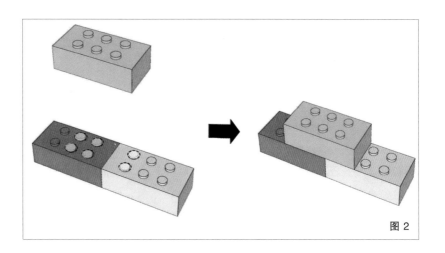

图 2

图 3

首先，BIG 用红色创意区、蓝色认知区、绿色社会区、黄色情感区 4
个功能分区的体块根据场地形状围合出中间的共享广场。总的原则就
是大家互相都不挨着（图 4）。然后，按照乐高的搭接模式，通过上
层空间使下层空间产生联系（图 5）。为了强调这种乐高模式的联系，
BIG 特意让同一水平层上的功能块之间都留有缝隙，从而打造出内部
空间的丰富层次（图 6）。

图 4

图 5

图 6

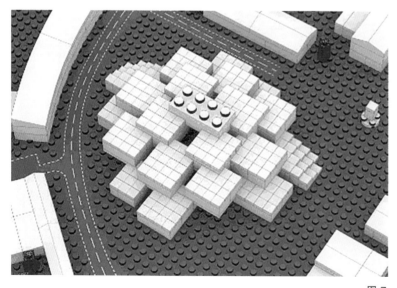

至此，按照官方说法，方案已经做完了，可以坐等设计费了（图 7）。然而，我们都知道，事情根本不可能这么简单。

图 7

蹊跷一：流线怎么加

把体块垒起来解决了"长得像"的问题，但这只是成功了一步——五粮液大厦也能做到。要知道 BIG 的野心可是希望人们能在建筑中自由探索乐高积木的无穷乐趣。所以，怎样用流线将一个个功能块串起来就是 BIG 的下一步行动。首先，BIG 设计了一个环"乐高树"，向上的"回"字形螺旋大楼梯作为广场的标志物。人们可由底层广场通过大楼梯直达顶层画廊，再由顶层画廊通过直跑楼梯去往其他主题区（图 8、图 9）。

图 8

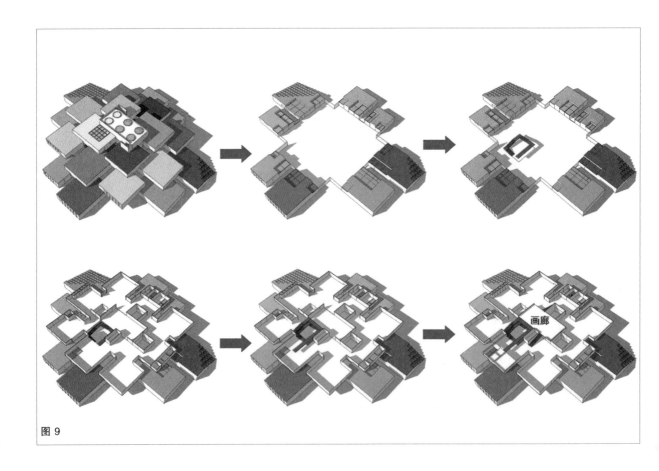

图 9

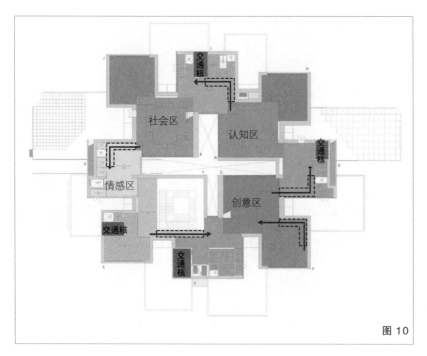

图 10

在各主题分区中，BIG 用双跑楼梯将同一主题的各层房间串联，以此保证各主题区域的相对独立性和完整性。在二层，略微错层的不同主题分区的交界处用坡道联系，使孩子们能自由穿梭于不同的主题空间（图 10）。

蹊跷二：缝隙怎么用

刚刚我们已经说了，为了强调乐高的特点，各功能块之间都留有缝隙，这也让内部空间层次更加丰富。然而，对这些缝隙的利用却不止于此。这可以算是 BIG 的神来之笔了——一个缝隙解决了三个问题，你敢相信吗？

1. 解决采光

BIG 在缝隙部分设置了玻璃幕和天窗，使其成为一个个"光井"。自然光通过"光井"渗透进内部空间（图 11）。

图 11

2. 引导人流

在建筑首层，缝隙空间被做成玻璃入口，向城市开放，同时也使城市公共空间与建筑内部广场联系在一起（图12）。

而在二层，BIG 用实墙与玻璃结合，对缝隙进行塑造。内部房间与外部平台的交界处设置玻璃，而玻璃对面的部分则用实墙，从而加强了室内外活动空间的引导性。在各分区的交界处，缝隙空间一半用玻璃围合，另一半用实墙围合。这样既通过玻璃增加了各空间视线上的交流，又利用实墙的遮挡将人流从一个功能区引向另一个功能区（图13）。

3. 深化形象

由于体块间存在缝隙，各体块使内外空间的乐高块形象都更加独立。加上各体块间的层高变化，使内部空间的体块感更加鲜明（图14）。

但是，还是想偷偷"吐槽"一下：既然乐高之家的主要服务对象是孩子，那么，外立面的锯齿状大台阶真的不怕小朋友摔下去吗（图15）？

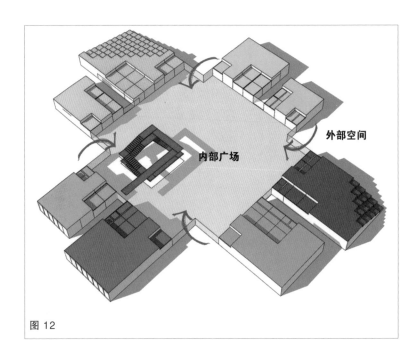

图 12

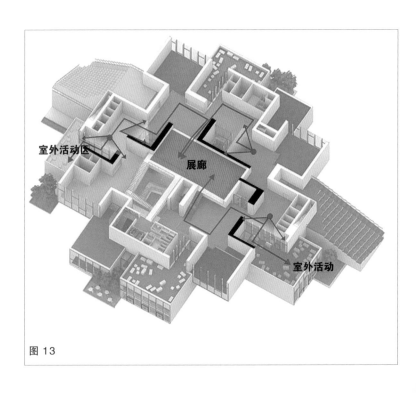

图 13

图 14　　　　　　　　　　　　　　　　　　　　图 15

蹊跷三：立面什么样

为什么看来看去都是鸟瞰图，因为这座建筑的立面根本就和乐高没有半毛钱关系，而是干干净净的经典建筑学立体构成，BIG 真的是很狡猾了，在甲方的商业意图与建筑审美之间取得了巧妙平衡（图 16）。其实，很多时候，甲方描述得天花乱坠的建筑设想不过是想求一张完美角度的照片，完全不必赔上整个设计方案。甲方要为建筑买单，群众要亲身去使用建筑，他们当然有权对建筑指指点点、提任何要求，而作为建筑师，我们经常高估了自己的能量，又低估了建筑本身的容量。

如果没有钱又没有尊严，以后肯定没人愿意再来做建筑，但我们今天已经上了这条"贼船"，就必须要把这道"送命题"变成"送分题"。

图 16

你对神秘的东方力量一无所知

佩罗自然科学博物馆——Morphosis 建筑事务所

位置：美国·达拉斯
标签：草图，景观
分类：博物馆
面积：16 723m²

图片来源：
图 1、图 3、图 16 来源于网络，图 2、图 4 ~图 7、图 13 来源于 http://gooood.com，
其余分析图为非标准建筑工作室自绘。

图 1

图 2

从前，有一个建筑师，他画了一张草图，然后，这张草图就被原样建了出来。你以为我说的草图是图 1？错！我说的是图 2。但结果是一样的，它们都按照草图被完美地复刻了出来（图 3）。

图 3

我要是画这么个草图给甲方看——对不起，我连想想的勇气都没有。那么，问题来了: 这个建筑师是谁？他为什么会画这样一张草图？为什么这张草图会被原样建造了出来？这一切的答案，都指向了一股神秘的东方力量。

这座建筑是 Morphosis 建筑事务所设计的佩
罗自然科学博物馆(图 4)。甲方的要求很明确：
自然科学嘛，我负责科学，你负责自然——麻
烦设计师把自然引入建筑就好了。看看基地周
围这一片"钢筋混凝土"，谁来告诉我，自然
在哪儿（图 5)？

图 4

图 5

图 6

图 7

再看看建成后的效果，我忍不住想再问一句：自然到底在哪儿啊（图 6、图 7）？甲方是瞎了吗？当然不是。他们只是被一股神秘的东方力量所折服。要说起如何将自然引入建筑，再厉害的西方神仙也比不过咱们中国的老祖宗。咱们中国人千百年前创造的古典园林艺术已达到了后无来者、不可企及的巅峰，而咱们祖宗留下的高深的造园秘籍，随便拎出几条就能"秒杀"一众当代建筑师，就比如 Morphosis 建筑事务所这次使用的造景、框景和游景。

造景

自古以来，我国的每一代人都秉承着缺啥补啥的理念。作为园林造景的"扛把子"，如果没有得天独厚的自然美景，我们就撸起袖子自己造。而造景的关键就是——"银子"，要是没有，那就集中力量办大事，种一棵树也能独成意境（图8）。

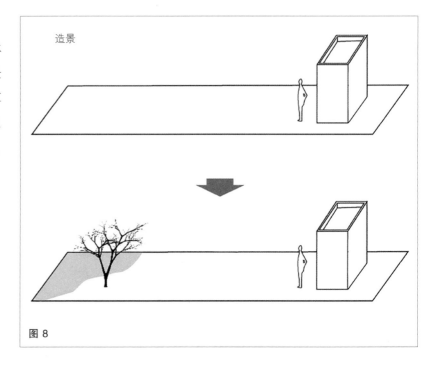

图 8

框景

为了不让自己辛辛苦苦造的景观被随便错过，就直接用门框、窗框等一系列能当作自然画框的构件将景色紧紧框住。这样一来，即使你并没有发现美的眼睛，也能通过景框的设置把园主人想让你看的都看了（图9）。

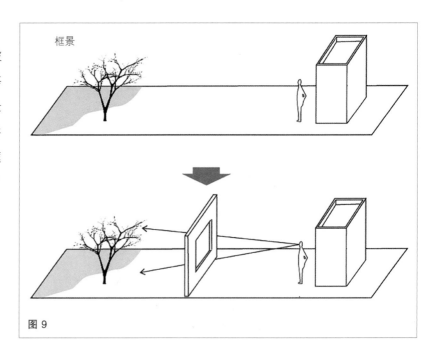

图 9

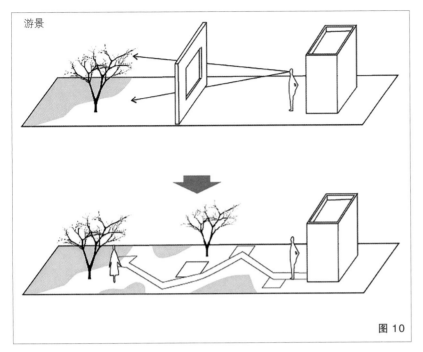

游景

图 10

游景

美在观者。你看到的才是景,看不到的都是零。"景贵乎深,不曲不深。"如何在有限的空间中将景观做得更丰富,其实就是如何在有限的空间里让观者获得更多的记忆和体验。所以,游者怎么转,是设计师布的"套路";观者怎么看,是设计师做的"摆拍"(图 10)。

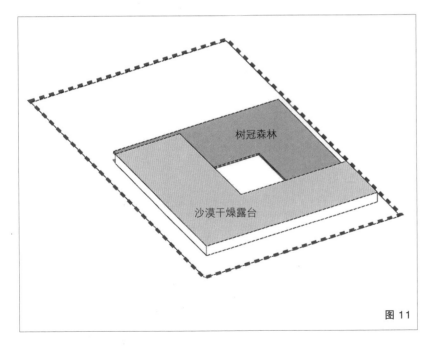

树冠森林

沙漠干燥露台

图 11

接下来,我们就来看看 Morphosis 建筑事务所是如何用造景、框景、游景这三招让甲方臣服的。

前面已经说了,这里都是钢筋混凝土建筑,根本没什么自然。所以,首先要造一个自然。本着因形就势的造园原则,建筑师在地块上设计了一大一小两个 L 形景观来围合场地,小 L 形景观为一片大型天然树冠森林,大 L 形景观是有着沙漠干燥露台的地景建筑(图 11)。

然后，根据人流方向在两个 L 形景观中挤出三个对外出入口，再于两个
L 形咬合的中部交会出入口广场（图 12）。

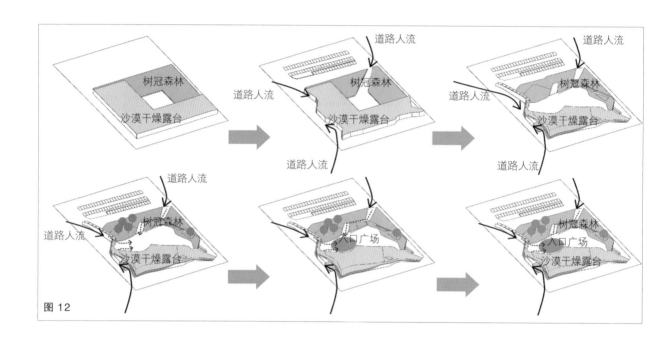

图 12

展览建筑一般是不需要自然采光
的。根据草图，我们也能看出这座
建筑的展览部分就是一个几乎不开
窗的大方盒子（图 13）。可缺乏
了起视觉渗透作用的窗户，还怎么
让建筑与环境对话呢？为了将城市
景观以及自己造好的地景通通被框
进建筑中，设计师进行了"二段
操作"。

图 13

1.将首层的部分楼板抬高，并利用底层连续的玻璃幕墙将好不容易营造好的大地景观框入建筑（图14）。

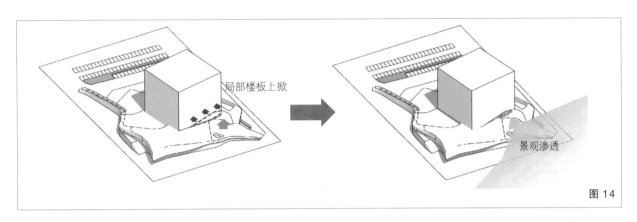

图14

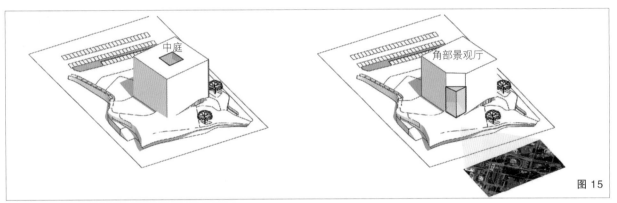

图15

图16

2.把传统做法里位于建筑中部的中庭空间转变成角部可以观景的玻璃交通核。如此一来，角部交通核就取代了原本封闭的中庭共享空间，成了一个"收集"周围景色的框景器。为了使这个框景器的视野范围变得更大，建筑的方形体块发生了一定的扭转，而没有平行于用地边界，使之尽可能"收集"城市的全景（图15、图16）。

虽然你费尽心思造了这么多景，但主要的参观流线还是都在室内——这不白费力吗？当然不能白费力，那怎么办？就靠绕呗（图17）。

首先，为了使底层好不容易营造的自然景观物尽其用，设计师用曲折的长路径来联系场地周边与入口广场。这样，游客在进入建筑内部之前就要先与地景环境进行一番"长谈"。进入建筑后，依然还是要先看景。设计师在交通核外侧悬挂了一部长长的观景扶梯，让游客先通过扶梯一路看景直达顶层（图18）。

到达顶层之后，是不是就直接进入展览部分了呢？当然不能这么简单。在观景流线上，主体建筑的各层采用"回"字形环线组织展览，但每层流线都会回归到观景交通核来走到下一层，也就是说，游客每参观一层就要回来看会儿风景，就好像一直身处风景之中——但其实观景交通核只有一个，只不过被巧妙地反复利用罢了（图19）。

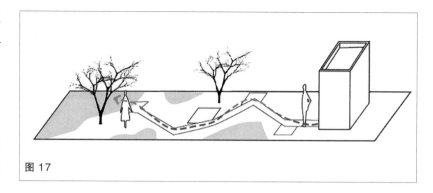

图 17

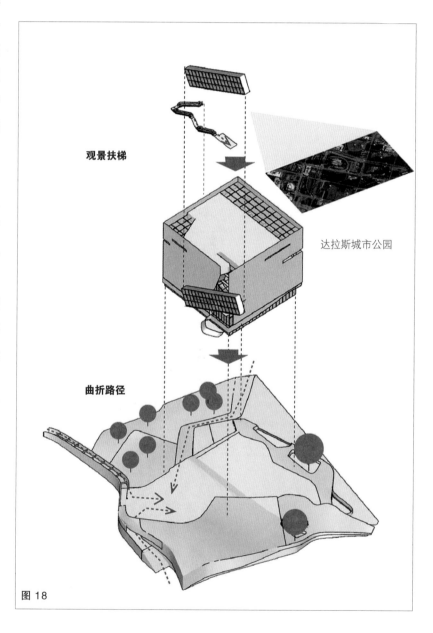

观景扶梯

达拉斯城市公园

曲折路径

图 18

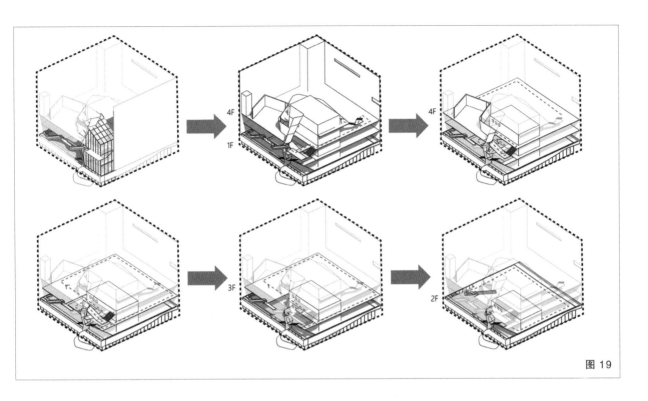

图 19

图 20

Morphosis 建筑事务所的方案讲完了，我们的造园秘笈也讲完了。其实，我并不觉得对小孩子来说，别具匠心的建筑形态与建筑构思会比树林中会发光的绿色青蛙更有吸引力（图 20）。

霍金说："知识的敌人不是无知，而是已经掌握了知识的幻觉。"我们读了这么多书，从《园冶》到《中国古典园林分析》，但还是不会做设计。不是读书没用，主要是我们没用。中华艺术文化有多么辉煌灿烂无须赘言，只是在这些辉煌灿烂面前，我们是欣赏者和崇拜者，却忘了自己是继承者，而有些旁观者却变成了学习者。

凭什么不在舒适区里
做一条最"咸"的鱼

韩国挑战博物馆国际竞赛——UNStudio 建筑事务所

位置：韩国·利川
标签：非线性，四叶草
分类：文化类建筑
面积：8300m²

图片来源：
图 2、图 7、图 9、图 12、图 14、图 16 来源于 http://www.archdaily.com，其余分析图
为非标准建筑工作室自绘。

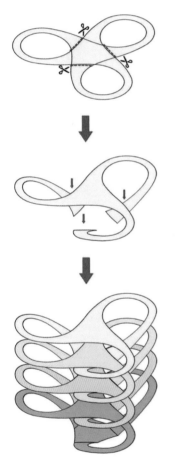

图 1

"逃离舒适区"是最近很流行的一句"鸡汤"。该"鸡汤"认为，待在舒适区就是温水煮青蛙，就是慢性自杀。可是，如果我待在舒适区都是慢性自杀，那我离开了舒适区岂不是会立刻原地爆炸？所以我觉得，既然舒适区是我们最熟悉、最擅长、最能掌控的地方，那好好地经营这一亩三分地不是更好吗？

要想发家致富，往下挖比往上爬更能找到黄金。就像 UNStudio，日常擅长的就是种三叶草、四叶草以及各种草（图 1）。不但自己种得不亦乐乎，还让全世界都知道他们是"种草小能手"。

但那又怎么样？还不是一样中标中到手抽筋，小日子过得舒舒服服。

最近，UNStudio又参加了一个投标——韩国挑战博物馆国际竞赛（图2）。
不用怀疑，依然是熟悉的味道，四叶草的配方。要不然呢？喝一碗"逃
离舒适区"的"鸡汤"，不去种草非得去挖矿，像我等"青铜"一样，
上来先分析周边环境（图3）？

图 2

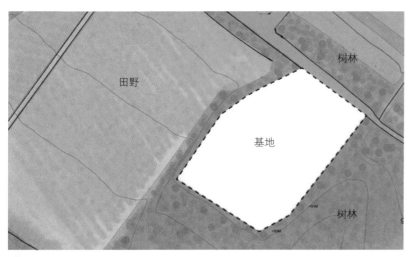

图 3

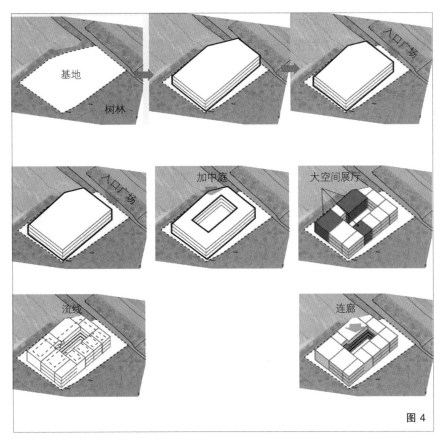

图 4

看看基地的周围，都是树林和田野，但也因此导致建设用地很紧张。而博物馆不仅要布置展览空间，还要增加和游客的互动，提供大量的活动场所——那就做个入口广场吧（图 4），然后就是勾个入口流线和后勤流线，再掏个适合展览建筑的中庭组织流线，最后围绕着中庭布置一圈展览房间解决功能问题（图 5）。

嗯，这个方案除了不能中标，也没有什么大问题。还是回到舒适区老老实实种草吧。无论是三叶草还是别的什么草，UNStudio "种" 的其实都是一个封闭自循环的流线体系，说白了就是没头没尾地绕晕你（图 6）。

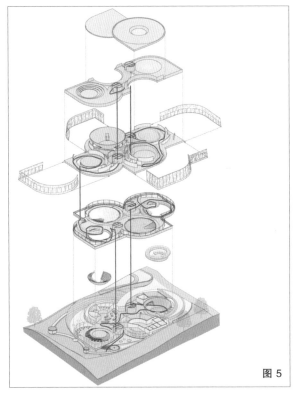

图 5

第一步："绕"出融入自然的姿态

既然是自然山地的环境条件，为了迎合场地，建筑体量就不宜过大。所以，先根据地形将"四叶草"摆在地块当中，"四叶草"的每一片叶都作为一个功能分区，而叶与叶交接的夹角区域自然形成了喇叭形入口区。这样一来，本身体量很大的展览馆就被消解成了四个体块组成的建筑集群，在尺度上与自然环境相得益彰（图 7）。

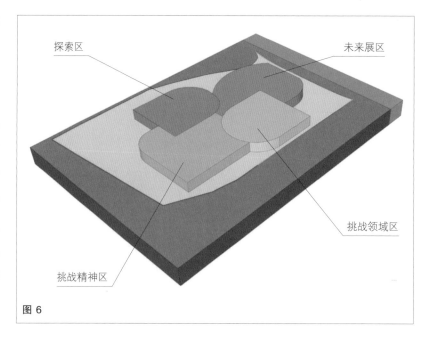

图 6

图 7

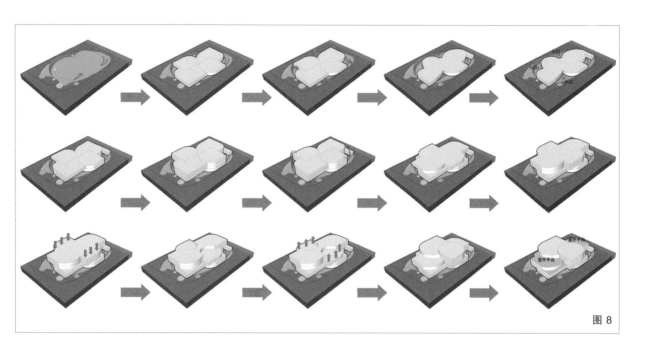

图 8

图 9

然后对各层"四叶草"楼板进行变化，让每个叶片都环绕着生长上去。二层楼板在叶片交接处取齐，形成一层入口灰空间；三层楼板叶片进行反向环绕，使三层楼板与二层楼板交错开的部分形成各种形状的室外活动平台；四层楼板的南北向叶片成为室外活动平台，而东西向叶片向上提起，形成大空间以供超层高的展览空间使用。这样，UNStudio 就轻而易举地"绕"出了建筑的整个姿态（图 8、图 9）。

第二步："绕"出失去尺度感的流线

UNStudio 在建筑内部采用了圆形切割法来塑造非线性空间，通过不同直径的圆形交通核与圆形功能空间的内切与外切，勾勒出叶片的外轮廓，并挤出近似三角形的中庭空间。而圆形区域本身又变成了各展区的圆形展览空间和圆环形走廊（图10）。

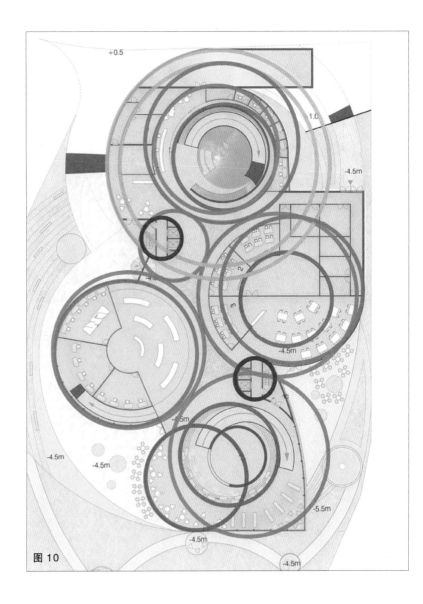

图 10

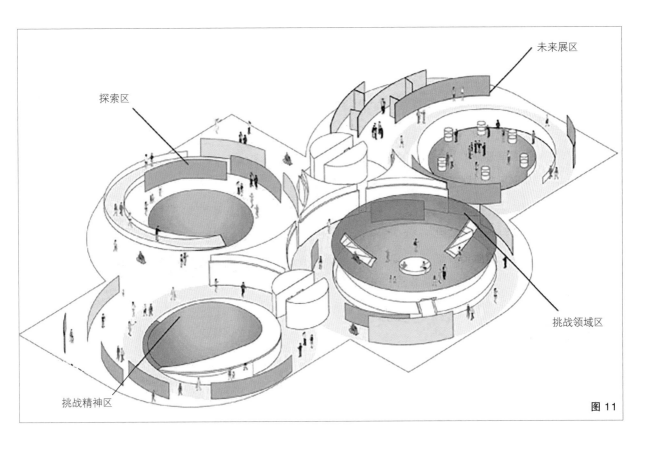

未来展区

探索区

挑战领域区

挑战精神区

图 11

图 12

这样一来，就形成了由不同直径圆形相切所连成的非线性流线，一眼望去，全是弧形墙。失去透视参照的你，早就被绕得没了方向感与距离感，产生时时变化的视错觉。如此，无论展品怎样布置，游客都早已被吊足了胃口，沉浸在这奇特的游览体验当中（图11、图12）。

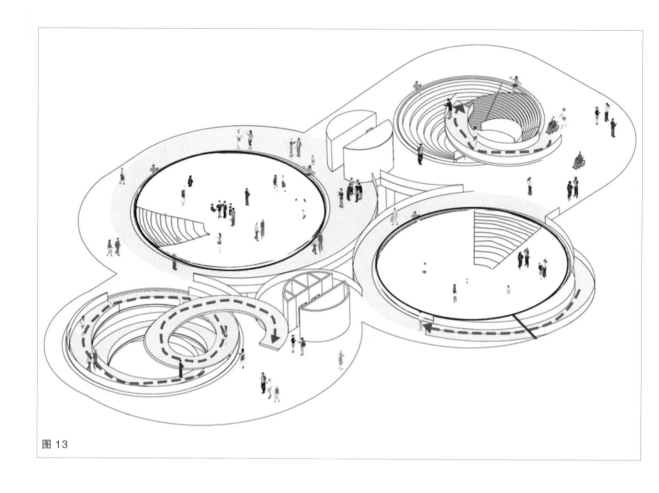

图 13

第三步："绕"出空间丰富的超大穹隆

UNStudio 将建筑二层与三层的镂空空间错位布置，使空间在垂直向的"流动"更加自由。二层与三层的镂空空间以曲度发生变化的螺旋步道相连，而步道上空是全息投影的超大穹隆。你以为"四叶草"只是个流线系统，但它却让建筑成为一个整体。当交通被绕了出去，那自然也就留下了大体量的完整空间任人发挥——当然，前提是你能先发现才能去发挥（图 13、图 14）。

图 14

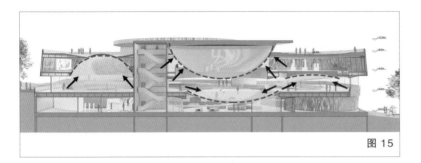

图 15

图 16

第四步："绕"出多向心性互动体验

为了使各个圆形下沉阶梯或半球体展厅空间更具有场所吸引力，各圆形空间都设置了穹隆形投影天花板，以增强场所的心理限定感。所谓空间互动不就是空间对你有触动，你对空间有行动吗？圆形空间天然具有的向心性，本就自带心理暗示——圆里一定有什么特别的地方，不然为什么绕着走？UNStudio 也就顺水推舟地将一些互动设施放在圆形展厅中间，更大概率地吸引人们走入空间中，同时也借"四叶草"之手创造出了丰富的空间层次（图 15、图 16）。

我经常会觉得 UNStudio 很无聊，每次方案都离不开"种草"，但又不得不佩服他们每次都能"种"出新意。我们总是被要求成为完人而非能人，可现实的生存法则却只看重你手里最长的那块木板。于是，身无所长的我们只好用不断的努力来麻痹自己。所谓"逃离舒适区"，

不过是遮盖"没有舒适区"的励志说法。

"为什么学习"比"学习了什么"更重要。在"咸鱼圈"里，最"咸"的那条鱼就是锦鲤。在建筑圈里，能创造出舒适区的一般被称为"大师"。

建筑师当然不是上帝，
但完全可以做个圣诞老人

阿道夫·伊瓦涅斯大学教学楼——何塞·克鲁兹·奥瓦利联合事务所

位置：智利·比尼亚德尔马
标签：山地，条状
分类：教育类建筑
面积：14 500m²

图片来源：
图1、图2、图9、图11、图14来源于http://www.archdaily.com，
其余分析图为非标准建筑工作室自绘。

好的建筑师就像圣诞老人，向普通"袜子"（建筑）中塞入各种巧妙设计，给所有人带来惊喜，比如图1。

图1

看到这个错综复杂的内部空间，你可能以为这是个展览馆，但人家其实是一座教学楼，这是智利建筑师何塞·克鲁兹·奥瓦利设计的阿道夫·伊瓦涅斯大学教学楼（图2）。

和大多数新校区一样，将校园建在市中心是不可能的。基地选择在了一处不太适于建设的山地上，场地中有将近7m的高差，但好在风景优美（图3）。

图 2

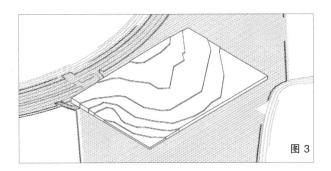

图 3

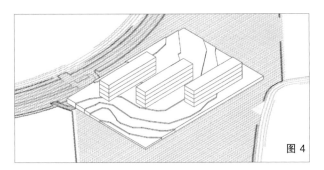

图 4

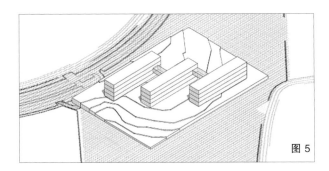

图 5

近 7 米的高差，要想填平的话要计算的土方量太大了，但没关系，先确定主要日照方向，规规矩矩地排教学楼（图 4），然后再加上适合大学教学楼的连廊，正常情况下这所山地上的大学就这么完成了（图 5）。

也没什么大毛病是不是？就是没什么惊喜，不太符合圣诞老人的"人设"。而且，诚恳地说，上课真的是大学生们最关心的事吗？事实是在哪儿上课很重要，上不上课不重要。智利"圣诞老人"就是深知这一点，干脆做了个在里面除了学习什么都能干的教学楼。

首先，"圣诞老人"根据场地范围，依形就势，将建筑按照功能排布成平行于等高线的 A、C、D 体块以及垂直于等高线的 B 体块。这样，建筑体块在山势中蜿蜒展开，自然风景顺着断口"涌入"建筑组群（图 6）。当然，这只是常规山地建筑依形就势的体块设计罢了，重要的是在这之后，"圣诞老人"就要往这个"袜子"里塞礼物了。

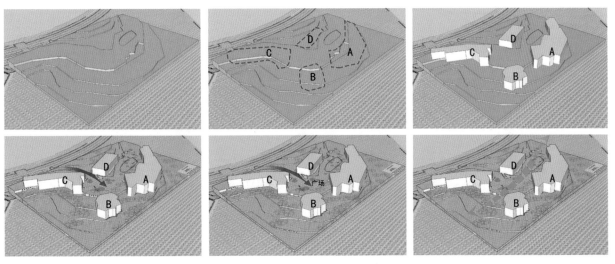

图 6

礼物 1: 美丽的观景空间

为什么要特意挂上袜子来迎接圣诞老人的礼物呢？大概是具有仪式感的愿望成真才会令人倍加珍惜吧。所以，即使周边有大片的美丽风景，也做几个取景器去把景色框住，这样才能让观赏者感受到大自然馈赠的礼物。"圣诞老人"让二层及以上的大房间依据山势垂直于等高线，并插入原本平行于等高线的建筑体量中，或朝向景观，或朝向中心广场，变成了一个个悬浮在二层的取景器（图7、图8）。这些取景器又在广场和内部首层中形成大大小小的半限定空间，丰富了内外公共空间（图9）。

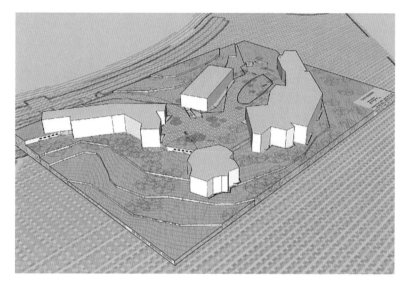

图 7

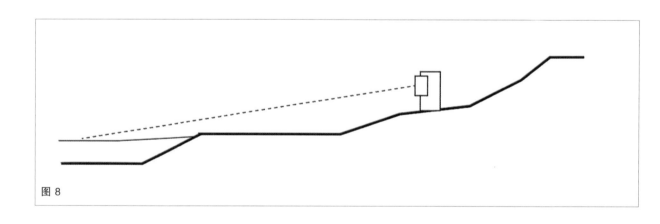

图 8

图 9

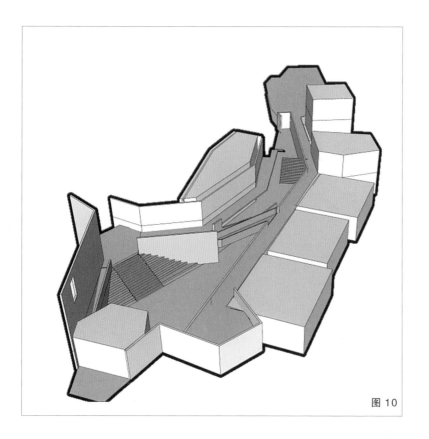

图 10

礼物 2：自由的交流空间

"圣诞老人"十分机智地将建筑的首层作为交流用的开放空间（图 10）。本身由高差产生的问题就变成了丰富室内空间的手段，首层空间因高差自然划分成行为空间和驻足空间，而大阶梯等屡试不爽的交流空间"标配"也可以自由设置（图 11）。

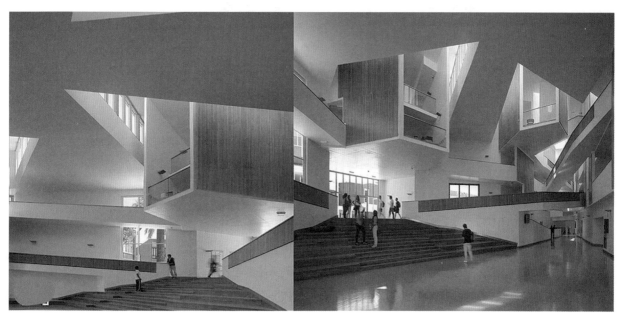

图 11

礼物 3：丰富的漫步空间

自由的交流会导致体块太碎、空间不规则，那么怎么办呢？"圣诞老人"用连廊就全部解决了。在建筑内部加入斜向连廊体系，连接各个功能体块，这样错层的楼层就被连接起来了，并且在垂直方向上倾斜的连廊使整个空间的体验变得更丰富。人们漫步其中会由于倾斜的连廊和倾斜的建筑体块在视觉上失去平衡感。而空间的转折又使不同方向的视野进行交叠，给人以新鲜的漫步体验（图 12、图 13）。

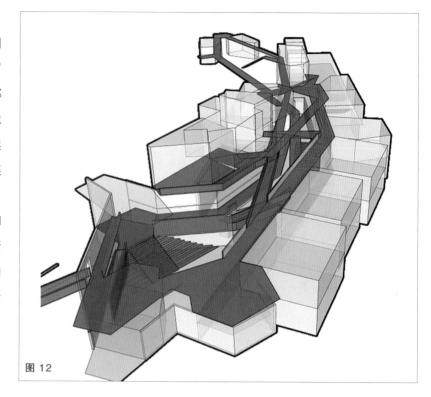

图 12

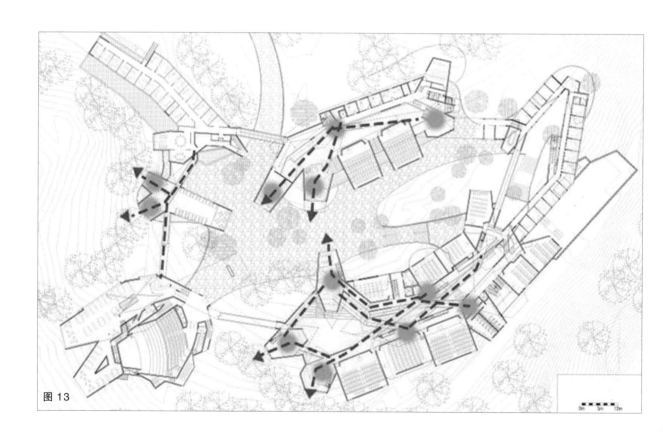

图 13

礼物 4：惊喜的趣味空间

打开一扇门，你就能看到门外的景色，但前提是，你得先有一扇门，而不是一堵墙。隔而不断的空间才能具有趣味性和流动性。在水平方向上，"圣诞老人"利用走廊中的剪力墙和片墙，让漫步其中的人的视线时断时续，增添了柳暗花明又一村的趣味；在垂直方向上，"圣诞老人"将伸入中庭的取景器部分进行了顶部高差处理，让天花板产生了一个个上凹的"光庭"空间。步行其中，人的视线在垂直方向上随着上凹的"光庭"和下沉的天花板移动，自然光也顺着"光庭"自由洒下，在不规则的空间中产生斑驳陆离的效果（图 14）。

图 14

节日的意义就是让我们有所期待，也许你从小就知道世界上没有圣诞老人，但你很清楚，爸爸、妈妈会像圣诞老人一样给你礼物，满足你的愿望。建筑师无法头顶光环，持有绝对话语权，然而建筑的每一处设计都是我们送出去的礼物。我们无法挑战甲方的权威，但这不妨碍我们用设计为大家带来快乐。

所以，过什么节不重要，送礼物才最重要。

你迷恋的不是知识，
而是获得知识的快感

木之网展厅——手冢建筑研究所

位置：日本·箱根町

标签：井干

分类：景观建筑

面积：529m²

图片来源：

图1～图3、图10、图12、图19来源于www.archdaily.com，图4～图6来源于网络，

图23、图24来源于www.pinterest.com，其余分析图为非标准建筑工作室自绘。

建筑学是一个很容易让人迷恋的学科，不仅是因为要学习各种杂七杂八、跨学科的知识，让人产生一种自己学富五车的满足感，更重要的是，学了这些知识也不用具体来做什么。没有目的的学习是世界上最快乐的事情了。速写和水彩要学习，但学不好也没关系，反正现在画图都用电脑；设计构成要学习，但学不好也没事儿，反正现在早都不流行形式美的那一套了；材料结构要学习，但学不会也没影响，反正将来干这事儿的都是学土木的。

我们在大学里对一门课感兴趣的程度完全取决于授课老师的"相声"水平，最明显的就是建筑史之类的理论课程，碰上"相声"水平高的老师，那课堂上的人就是满坑满谷；碰上不太会说"相声"的老师，即使讲的都是真知灼见，那也是听者藐藐。这就是为什么你年年去旅行、月月看展览，厚厚的专业书拉砖似的往家搬，街上随便碰上个房子也能从文艺复兴时期的人文精神讲到现代建筑的英雄主义，却还是在真正的设计任务前大脑一片空白。因为，自始至终，你迷恋和追求的都只是获得知识的快感，而不是知识本身。

获得知识的快感来自哪里？来自大师们的咖位、知名度甚至热度，教授们的谈吐、表达甚至颜值，学习知识时的"武器装备"以及所属学科的"人设品格"等。打个比方，同样是学习建筑学相关学科，号称喜欢美术的建筑生可要比喜欢结构的多得多，毕竟一个是可以逛美术馆的，而另一个可能就要下工地了。

获得这些知识的快感让你的生活充实、自信心爆棚、"人设"完美。你可能连去哪个美术馆搭配哪件衣服都了如指掌，却唯独忘记了这些知识本身应该在你的知识体系中处于什么位置，解决什么疑惑，具体怎么应用，以至于可以得到什么结果。所以，今天我要给你拆解的作品就是为了让你看看那些只能被你用来"尬聊"的建筑史知识是怎样变成别人家的设计的。

图 1

图 2

这个展厅由建筑师手冢贵晴设计，位于日本箱根町雕刻之森美术馆的一片树林中。这是为日本艺术家堀内纪子（Toshiko Horiuchi MacAdam）而设计的展厅，589 根大小各异的木构件通过自重以及卡榫，堆积榫接而成，连接处用木楔来加固，没有使用任何金属连接件，而展厅寿命可达 300 年之久（图 1 ～图 3）。

图 3

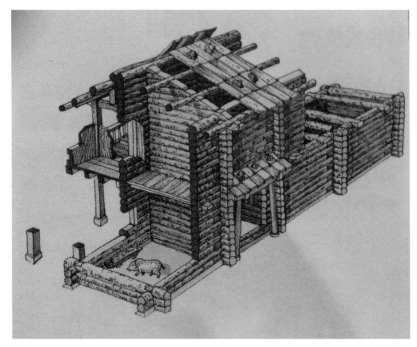

图 4

设计师貌似就是从中国建筑史的课本里提到的井干式建筑（图 4）中得到了灵感。最原始的井干式建筑特指不采用立柱和大梁的房屋结构（图 5），这种结构以圆木或矩形、六角形截面的木料平行向上层层叠置，在转角处木料端部交叉咬合，形成房屋四壁，形如古代井上的木围栏，然后在左右两侧壁上立矮柱，以承脊檩构成房屋（图 6）。

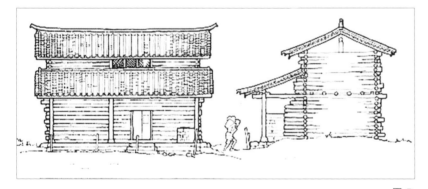

图 5

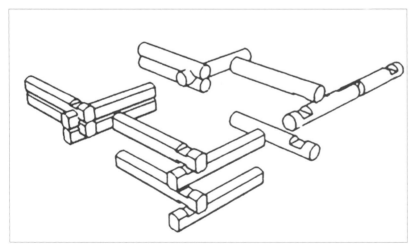

图 6

在现代井干式建筑中，由于加工技术的成熟，往往会在上下两层杆件的交接处增加一定的细部构造，来提高墙体的整体性和气密性。同时，在一些多雨地区，根据室内的使用需求也会增设防水层和保温层（图7），搭接方式如图8所示。

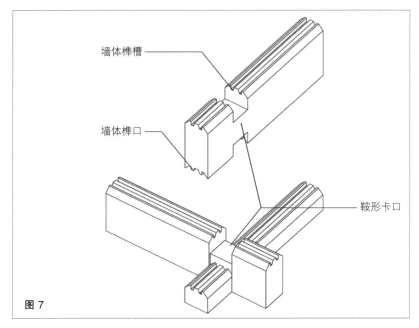

墙体榫槽

墙体榫口

鞍形卡口

图 7

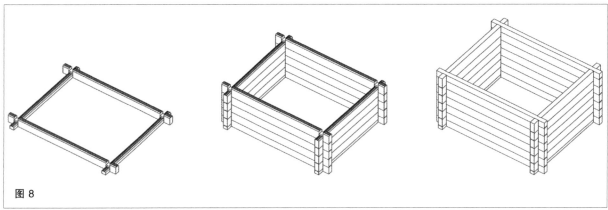

图 8

从结构上看，不采用竖向杆件，单一地通过水平向杆件搭接，在节点处仅需要考虑水平杆件的连接方式，而在竖向上依靠杆件自身厚度延展，这样的结构形式得到了简化，有利于整体结构的稳定性。当然，在实现同样的结构高度的情况下，这种做法往往会耗费更多的材料（图9）。

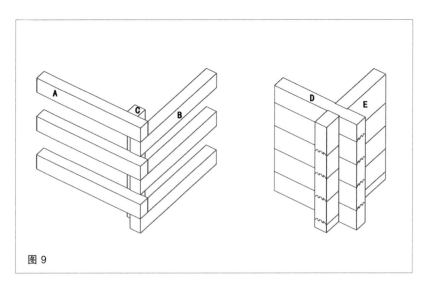

图 9

图 10

在保证稳定性的前提下，三向杆件的构造方式往往需要考虑 A-C、A-B 的竖向处理方式和 B-C 的水平处理方式，而井干式只须考虑水平向 D-E 这种搭接方式。但是，如果仅按照这种很"实在"的做法，将墙体作为一个几乎完全密闭的维护结构，似乎不太符合当代建筑空间对模糊性和通透性的需求。所以，在木之网展厅中，水平杆件

的咬合部分降低到厚度的 1/6，以提高整个墙体的"孔洞率"。与此同时，咬合深度的减小会使得整体的结构稳定性降低。在这里，上部的杆件预留了一部分空间，通过嵌入水平截面和长轴截面均为梯形的木楔加固，而木楔则进一步由木钉固定在水平胶合木之上（图 10 ～图 12）。

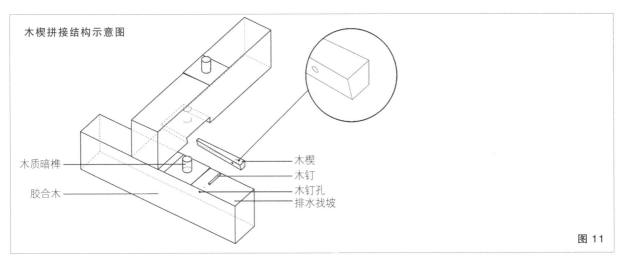

木楔拼接结构示意图

木质暗榫
胶合木

木楔
木钉
木钉孔
排水找坡

图 11

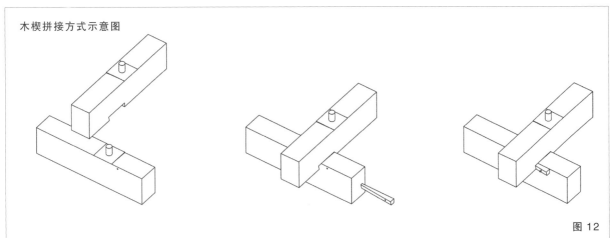

木楔拼接方式示意图

图 12

由于设计师希望能够采用一种类似"穹顶"的一体化的维护形式，而在传统的单一叠加过程中，随着层数的逐渐叠加和向内聚拢，顶部结构偏心逐渐严重，不利于结构稳定，从而使叠加高度受到了限制，只能形成一个类似于桶装的无盖结构。而如果在内部增加竖向支撑，则会破坏内部空间的完整性与纯粹性（图13）。传统井干式叠加围合，随着层数的增加，稳定性逐渐降低。所以要解决这一问题，设计师采用了一种井干式的交织变体。

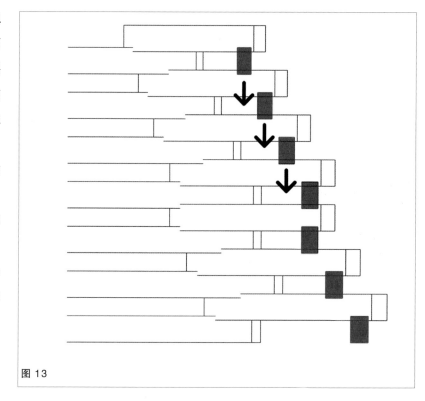

图 13

第一步

根据建筑外形轮廓和内部需求的空间尺寸确定一个多边形环状基底，然后将内外圈顶点相连，形成若干个三角面（图14）。

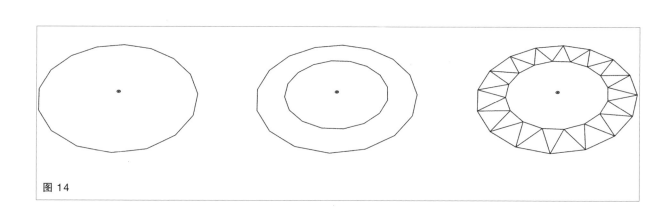

图 14

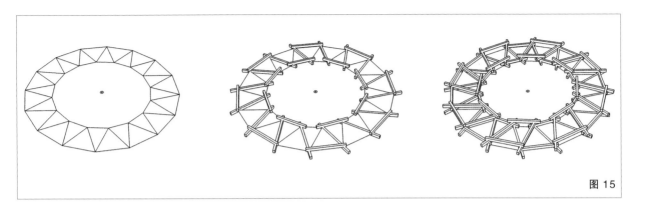

图 15

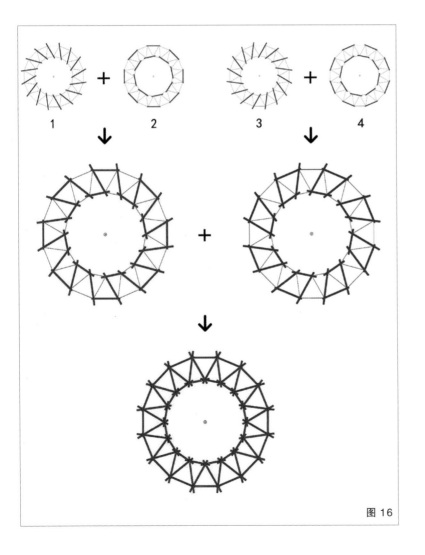

图 16

第二步

根据形成的网面线依次搭接 1 ~ 4 层，从而形成一个完整的基本叠加单元（图 15）。叠加单元可以看作是一、二两层形成的图形秩序和二、三两层形成的图形秩序的复合，也可以看作是四层在平面上的编织交错。同时可以发现，一层和三层、二层和四层在图形上体现出一种完型关系（二层和四层构成完整的内外环，一层和三层构成完整的内外连接杆体系）（图 16）。

第三步

将叠加单元逐层向上收分累积，最终形成类似"穹顶"状的空间体系（图17）。这种情况实际上是增加了维护层的厚度，拓展了其在水平方向上的维度，将单层的井干式面状墙体拓展成一个类似空间网架的体系，从而增加了整体的稳定性（图18）。而这一厚度的增加也在空间上丰富了人在内部的观察体验，形成了一种类似"树林荫翳"的观感（图19）。

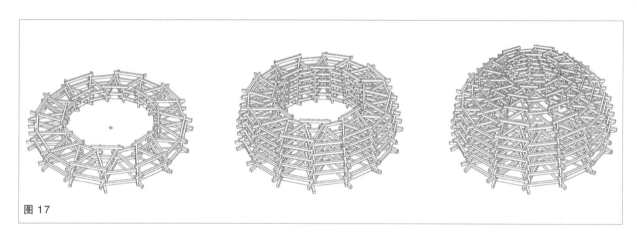

图 17

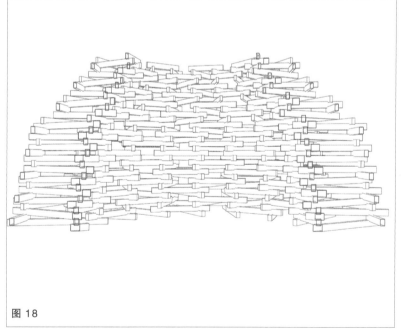

图 18

图 19

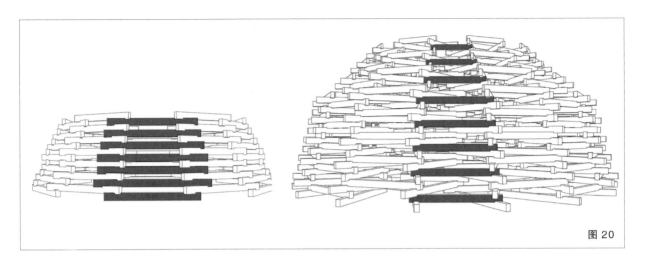

图 20

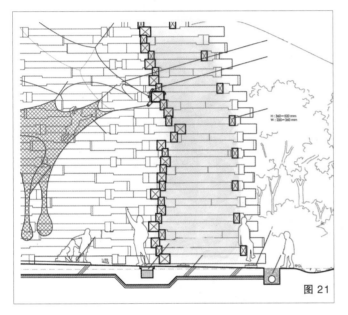

图 21

同时，在传统井干式叠加围合中，单一方向上杆件的最大间隔距离大约仅为一个单位木料高度，而在这种形式中，这一间隔可以提高到三个单位木料高度。在单位木料尺寸不变的情况下，两根杆件之间的间隙提高到了原来的三倍，再结合适当的尺度控制——对于儿童来说，这个维护结构本身也就具有了一定的通过性，自身便成了一个游戏的场所（图20～图22）。

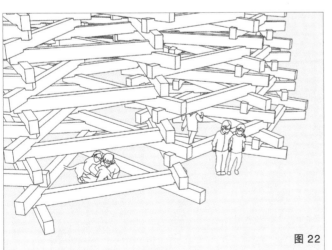

图 22

同样的，在隈研吾的清酒之花餐厅（图23）以及梼原木桥博物馆（图24）的设计中也出现了类似井干式堆叠的形式。

与木之网展厅不同的是，在上面两个项目中，由于构件本身更倾向于一种柱的形态，井干堆叠形式就不免要与竖向的支撑杆件产生连接。同时，为了追求结构上的简练和纯粹，构件的连接节点往往都被隐藏在目力不及之处。横向杆件穿过竖向杆件上预留的孔洞并通过木楔加固（图25、图26），两个方向的杆件通过木钉或螺栓连接以简化节点形式（图27）。整体拼接方式如图28所示。这种隐藏交接方式的做法和暴露"结构本质"的处理方式本身并没有优劣之分，构造的形式往往取决于设计的意图。也就是说，凡是能表达设计意图的形式就是好形式。

图 23

图 24

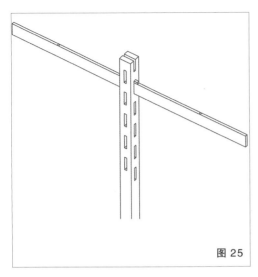
图 25

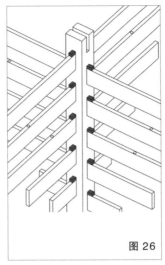
图 26

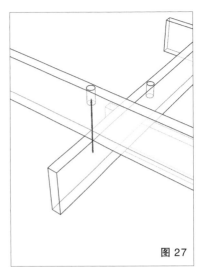
图 27

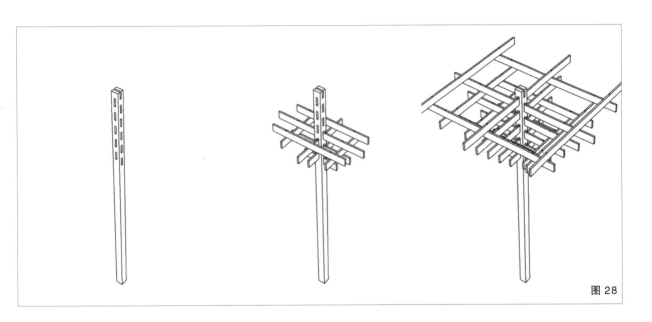
图 28

井干式也好，榫卯也罢，若只看成一个知识点，那么它只能令你在辉煌的古建筑前赞叹不已；若将其作为知识，细细咀嚼消化，便会发现这里面永不干涸的设计智慧和创作灵感。当然，我们的教育体系目前还是专业教育，但是，我们自己要明白，设计不仅仅是一个专业，更是一种洞察生活、创造生活的智慧。建筑学不像其他理工学科一样有严谨的知识结构和完整的科研成果，看似门槛很低实则要求极高，我们所能倚仗的只有自己，自己的悟性和自己的努力。

对不起，结构师，
你必须听我的

卡洛·菲达尼·皮尔地区癌症中心——Farrow Partnership 建筑事务所

位置：加拿大·米西索加
标签：木结构
分类：医疗建筑
面积：180m²

图片来源：
图 1 ~图 3 来源于 https://www.pinterest.com，图 4 ~图 6、图 9 ~图 11 来源于
https://divisare.com，其余分析图为非标准建筑工作室自绘。

亲爱的结构师，对不起，你必须听我的，不接受反驳。而我，就是建筑师。

你说我随便画几根线，你就要算一个通宵，可问题是，甲方轻飘飘一句话，我也是想了一个通宵才画出的这几根线。你说我只追求效果不考虑结构安全，可问题是，我的任务就是追求效果啊，结构安全不是你的事儿吗？我考虑结构安全，那你能帮我追求一下效果吗？你说我设计费拿太多，分给你的太少，可问题是，我投标三十几次可能才中一次，想试试平均成三十几份的设计费有多"酸爽"吗？更重要的是，如果我不出去投标，大家就要一起喝西北风啦！

对了，你还说建筑被建起来，出名、走红的都是我，要是一旦倒了，背锅的却是你。你这么多"吐槽"，就这句说得很正确。但正因为是这样，你才更要听我的啊——听我的，我才愿意带你一起红。

你不要觉得我就是个整天瞎说的白痴，说用木材就是去路边砍棵树，然后玩榫卯。我知道现在都用集成材和钢木节点，我做过功课的。不是为你，而是为了我的设计。

集成材即胶合木（Glued laminated timber， 简称 Glulam），相对于实木构件，集成材往往具有强度高、实用性广和便于弯曲等特点。木质集成材构件是使用多块木材，借助黏合剂，经过压力加工制作的构件，力学性质大大增强。而钢节点的介入较之传统的榫卯结构则能减少木材截面的耗损，更有效地提高整体结构的刚度（图 1 ～图 3）。

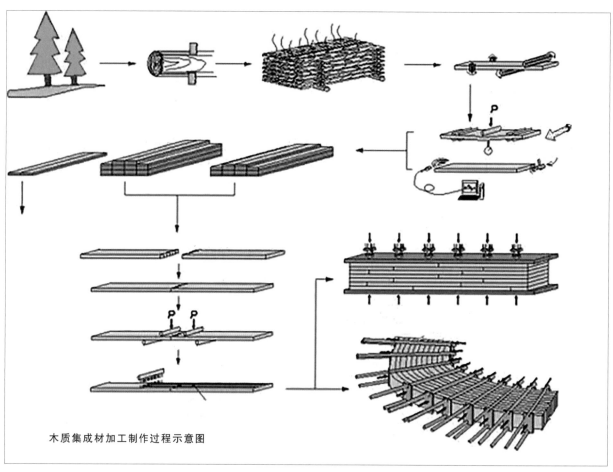

木质集成材加工制作过程示意图

图 1

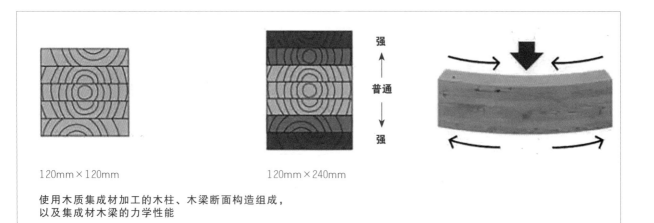

120mm×120mm

120mm×240mm

使用木质集成材加工的木柱、木梁断面构造组成，
以及集成材木梁的力学性能

图 2

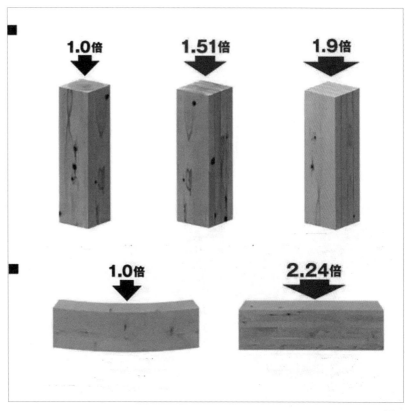

图 3

你也不要觉得我是个精神分裂的混子，我说的当代木结构不是要去复兴
斗拱，我说的当代木构是图 4～图 6 这样的。这是 Farrow Partnership
建筑事务所完成的卡洛・菲达尼・皮尔地区癌症中心中庭的设计，传说
中的别人家的建筑师和别人家的结构师的配合。它在 2004 年建成之时曾
被认为是北美最复杂的木结构。

图 4

图 5 图 6

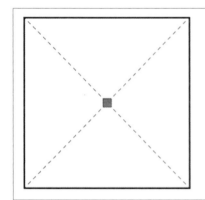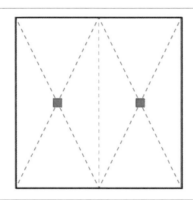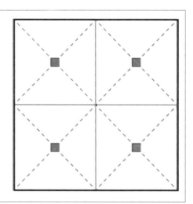

图 7

从一开始，建筑师就构思了"树林"的概念，并决定用木质集成材来实现这一概念，希望病人在这个环境中，能够感受到更多的生命力和希望。同时，由于客户预算相对紧张，要实现这一构想，就要尽量使用较小的构件，以降低成本。

下面就是听建筑师话的结构师的表演时间。一般来说，图形越规则越容易被分割成若干个"全等的单

元"（图 7）。所以在该项目中，设计师将整体平面布局为直角边为 48m 的等腰直角三角形，然后将这一图形分解为四个全等的小等腰直角三角形，并最终在每个小三角形"重心"附近的位置布置了"树干"。这样一来，整个中庭就可以由一个树状结构复制三次构成，主体的大构件形式被缩减到两种（图 8）。

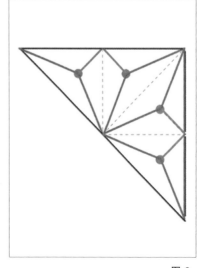

图 8

单个树状结构构件由两种长度的三个"主干"组成，而每个"主干"
可分为竖向弯杆Ⅰ、斜向弯杆Ⅱ和拉结前两者的横向直杆Ⅲ（图9）。

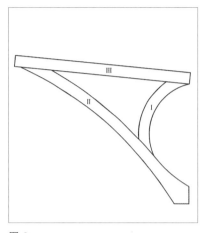

图 9

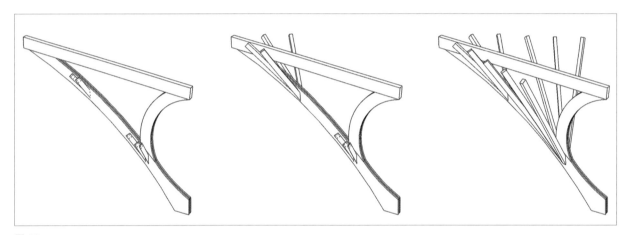

图 10

三个杆件之间都采用螺栓连接。最初设计
时，弯杆Ⅱ与它上面的"树杈"采用的是
外部钢连接器，但合作的木结构公司总裁
加里·威廉姆斯认为金属会扰乱结构整体
的美感，因此，设计团队又花了大量的时
间设计隐藏式连接器系统，即以内置节点
板的方式连接——连接件被嵌入弯杆Ⅱ中，
并甩出钢片板。"树杈"上预留嵌口和孔洞，
嵌入钢片板后将钢棒锤入孔中，然后用木
头塞来掩盖钢件痕迹（图10、图11）。

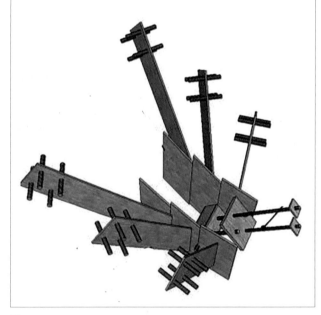

图 11

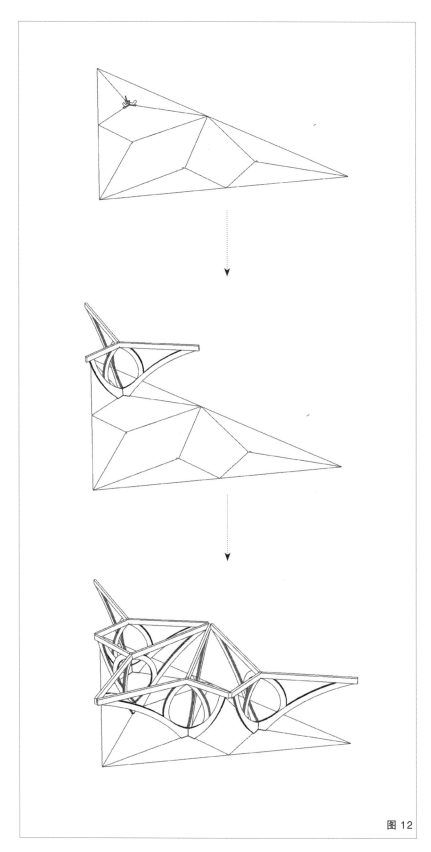

图 12

虽然卡洛·菲达尼·皮尔地区癌症中心中庭在表现的最终形式上体现出很大的复杂性，但其本身的建造逻辑仍和钢筋混凝土框架结构一样清晰。

第一步

通过对场地的分析确定承重"树干"的位置，承重主体结构通过预制杆件与基础相连。大型的集成材杆件在工厂实现预制，在现场直接吊装拼接，最终形成整个木构建筑的承重体系（图12）。

第二步

在这一总结构体系上铺设顶面
（图13）。最后在顶面和主体结
构完成时，通过增加一层树杈形的
杆件拉结承重结构和屋顶面板以增
加结构的整体性（图14）。

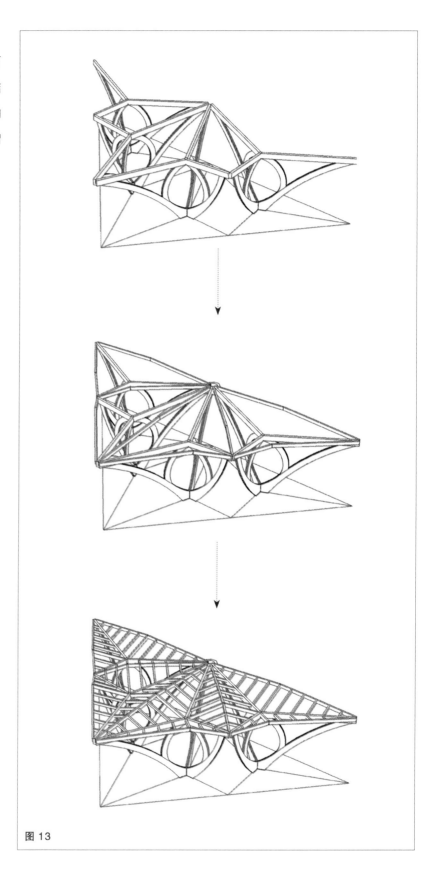

图13

最后，我们看一下顶面结构俯视图（图15）。

所以，亲爱的结构师，请你相信我有能力设计出符合时代需求与时代审美的有趣建筑，我也相信你能帮助我将这些建筑从纸面走向地面。真正的童话故事不是建筑大师遇见结构大师之后设计了一座国家级的重要建筑，而是一个平凡的我遇见一个平凡的你，我们共同努力实现了一座不平凡的建筑。

当然，前提是你必须听我的。

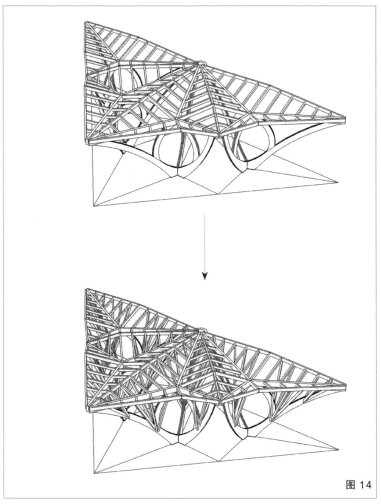

图 14

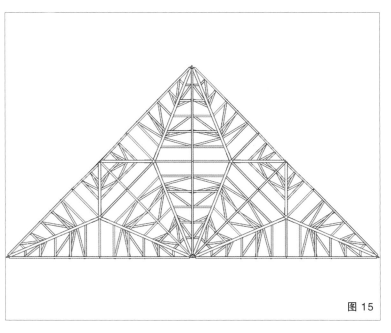

图 15

那个被赶出东京的"杀马特"，如今逆风翻盘

Yure 木亭——隈研吾建筑都市设计事务所

位置：法国·巴黎
标签：母体，像素
分类：景观建筑
面积：35m²

图片来源：
图1来源于网络，图2来源于https://kkaa.co.jp，图3、图6～图10、图28～图30
来源于http://www.archiworld.com.cn，图4、图5由非标准建筑工作室摄于2018年"隈
研吾大／小展"，其余分析图为非标准建筑工作室自绘。

建筑的世界里没有标准答案，一千个建筑师，就有一千个方案。别人规定的或推崇的也只适合别人——学建筑，找到适合自己的比盲目地奋发努力更重要。

很多年前，一个年轻人走在东京街头，发誓要成为日本新一代的建筑大师。年轻人很努力，到处拜访客户，熬夜画图，思考方案。终于，他获得了一个做大项目的机会——客户委托他在东京建一座6层的办公楼。相对于日本的建筑体量以及庞大的年轻建筑师群体，这真的算是一个千载难逢的机会，年轻人很有可能一鸣惊人、一炮而红。年轻人也这么想，他参考了无数成功案例，又结合了当时西方流行的后现代主义风格，终于交上了一份自认为满意的答卷（图1）。

结果他真的一鸣惊人了。这个建筑直接导致这个年轻人被驱逐出东京建筑圈，且在之后的十二年内都没有再接到来自东京的委托。按照一般的励志剧本，接下来的故事应该就是年轻人不畏失败、卧薪尝胆、坚持己见，终于出人头地，获得世界认可，让当时那群对他冷嘲热讽的老顽固们悔恨万分。结果确实差不多，但过程却完全不一样。

年轻人遭到驱逐后，果断放弃了自己坚持的设计理念，然后又通过不断尝试，终于思考出一种别人都没怎么玩过的设计方法，"大杀"四方，成功扬名（图2）。

好了，现在你也知道了，这个年轻人就是集争议与赞誉于一身的隈研吾大师。不屑者称其为装修建筑师，没格局、没思想，设计辞藻华丽、内容单薄，对空间和形态都没有贡献。赞誉者认为他重新发掘了日本工艺之美，是这个时代难得的具有匠人精神的建筑大师。不屑也好，赞誉也罢，对我们都没什么意义。求仁得仁，隈研吾已经得到了他当年离开东京时想要的一切，已然足够。对我们来说，隈研吾最大的意义就是提供了教科书之外的另一种非标准答案。

图 1

图 2

作为建筑师，我们一直都被教育从上帝视角去控制建筑——我们从总图开始做设计，从功能关系开始布局，直至最终完成大鸟瞰。但是，有很多同学，包括我自己，面对这些千头万绪的关系真的感到力不从心。我有想法，可我的想法支撑不起一座完整的建筑，我也有创意，可我的创意点只存在于细枝末节。如果没有隈研吾，我大概觉得自己根本不适合学建筑。还好，隈研吾给了我们另一种答案。

这个名为"Yure"的木亭（图3）是隈研吾在巴黎国际当代艺术博览会（FIAC）上展览的作品，位于巴黎杜乐丽花园。虽然项目不大，却明确地展示了隈研吾"由小及大"的设计手法（图4～图6）。

图3

图 4

图 5 概念草图

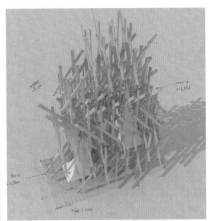

图 6

图 7

图 8

按照隈研吾自己所说:"ゆれ（yu re），是日语中用来形容在风中摇摆的游牧人的避难所，它就像树木在风中温柔地舒展它的枝丫和叶子一般。这个建筑由完全相同的木头堆叠、扭转、组装而成，形成了这样一座富有诗意而又充满活力的体量。Yure 木亭通过将木元素以几何式组合，展示了一种有机的几何结构。"（图7、图8）这个说法一如既往地充斥着建筑大师们习惯的"不知所云"。当然，我们也一如既往地不关心这个，只拆出"干货"和大家分享。

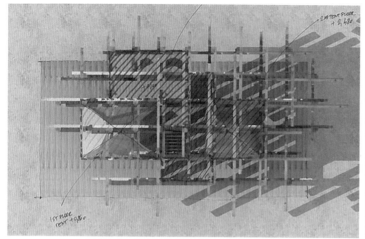

图 9

图 10

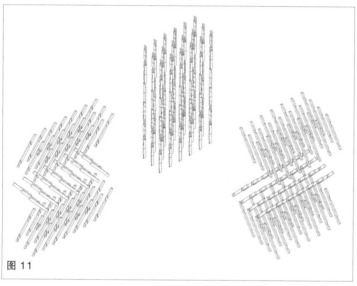

图 11

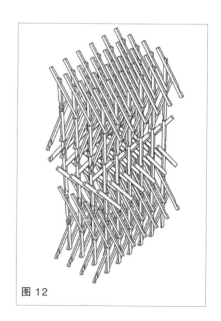

图 12

首先，我们先从整体的视角来分析和推断它的构成方式。

从图 9 顶部视图上看，景观亭的竖向杆件形式呈方格网状排布，结合效果图中建筑和人的尺度关系，方格的尺寸应在 800mm×800mm ~ 900mm×900mm。从侧面来看，每根斜向杆件都只连接两个相邻的竖向杆，并以层级排列，平行于长轴和短轴的斜向杆件依次交错叠加（图 10）。因此，通过这种整体性的分析观察，我们可以猜测 Yure 木亭是由竖向杆件构成的阵列、x 向的斜向构件与 y 向的斜向构件三部分叠合形成（图 11）。最终拼合而成的形态如图 12 所示。

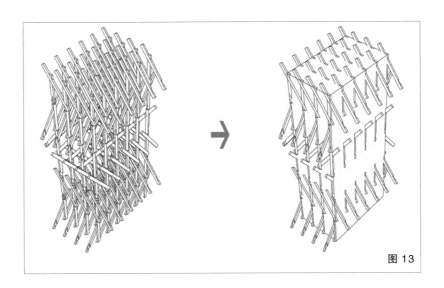

图 13

但是从这种逻辑方式出发，生成的整体形态是一个矩形块。在这个块上伸出了若干的斜向杆件，形成了一定的模糊边界，这种状态的模糊并不能满足建筑最初所设想的"柔软"的状态（图13）。所以，以上推理看似合理，却并不是答案，"正版"的生成逻辑其实是这样的。

首先，建立斜向与竖向的连接方式——依旧采用十字半榫刻，并用4个螺栓贯穿加固（图14）。

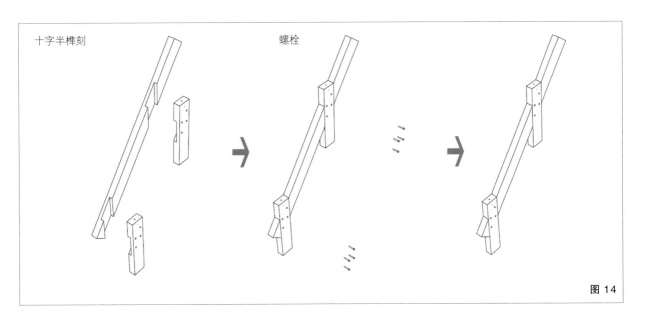

十字半榫刻　　　　　　　　螺栓

图 14

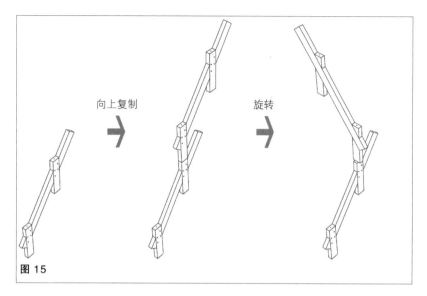

向上复制   旋转

图 15

而后，将这一单元向上进行复制并逆时针旋转 90°（图 15）。此时，上下两部分通过内置金属件连接，金属件和木杆件之间使用金属销固定（图 16）。接着不断重复上一步操作，并最终形成一个螺旋状的单元体（图 17）。

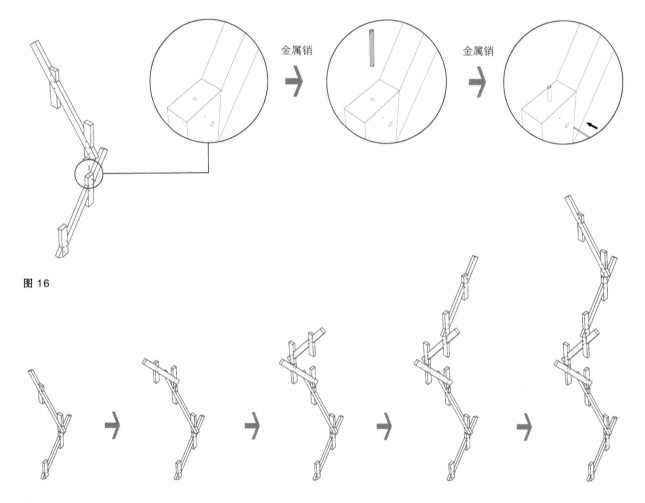

金属销   金属销

图 16

图 17

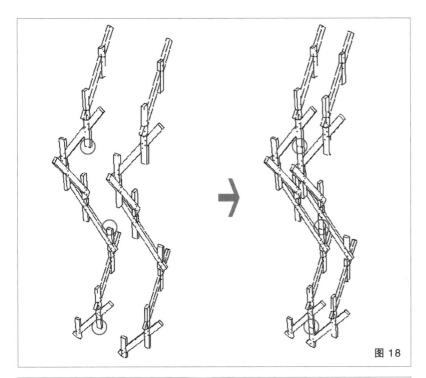

图 18

由于这一单元体由单个元素螺旋复制形成，并在交接处进行了恰当的处理，所以这一单元体就如"无缝拼图"一样可以在横向和纵向上不断地拓展（图18）。而在实际建造的过程中，为了增强整体的结构稳定性，两个单元体连接处的两个杆件被合并成了一个整体（图19）。

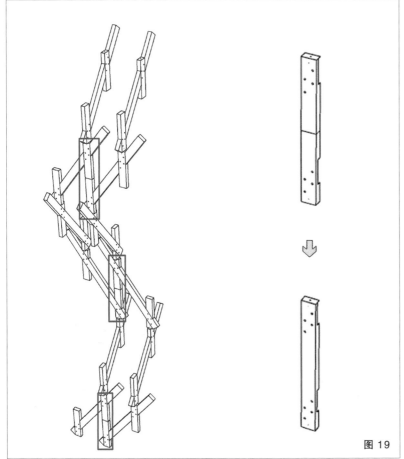

图 19

因此，只要根据功能需求在两个方向上连续复制就可形成整个建筑所需的体量，并且确定建筑的入口位置（图 20）。然后在现有的形态基础上进行局部加减，这一方面是为了表现景观亭如同从地面生长出来的形态，另一方面有利于增强整体结构的稳定性（图 21）。最终，刻意地延长部分杆件向外"挑出"的长度，使整体截面显得更加模糊不清（图 22）。最终形态如图 23 所示。

而在内部的处理上，隈研吾设置了三层串联的平台，"层高"由杆件尺寸决定，平台板直接搭在竖向杆件的连接处（图 24、图 25）。

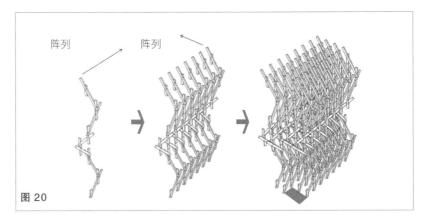

图 20

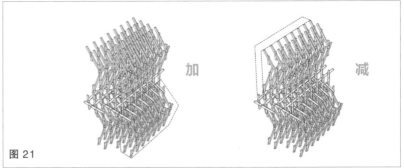

加　　　减

图 21

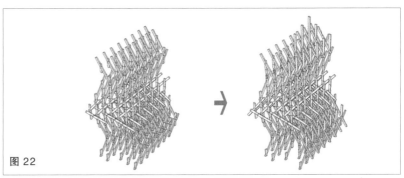

图 22

图 23

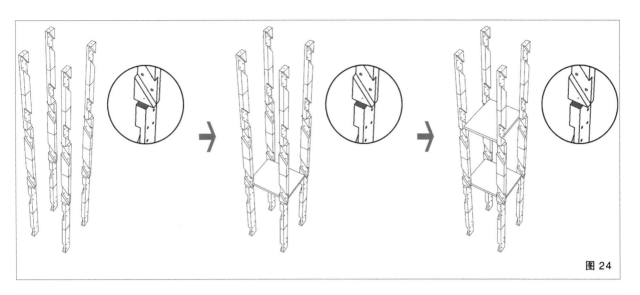

图 24

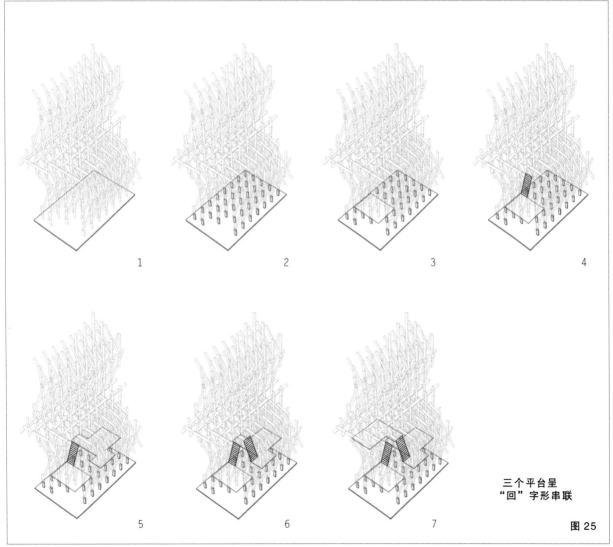

1

2

3

4

5

6

7

三个平台呈
"回"字形串联

图 25

整个景观亭由单个构件重复叠加构成，整个体系形成了一个类似空间网架的结构，所以，可以根据需要减去某些杆件来"掏出"供人活动的空间（图 26、图 27）。但是在最终的建造过程中，可能是出于稳定性的考虑不宜去除太多的杆件，所以并没有设置二、三层平台（图 28 ～图 30）。

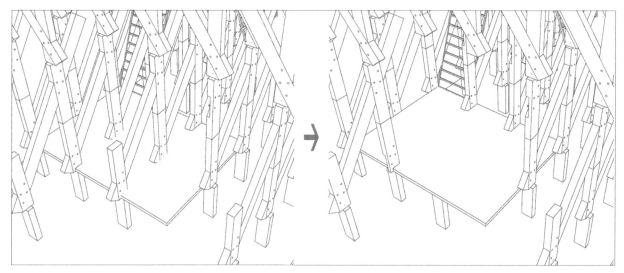

图 26

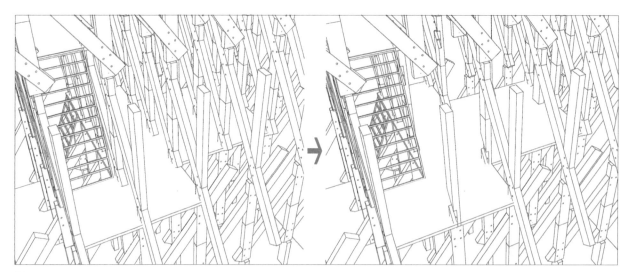

图 27

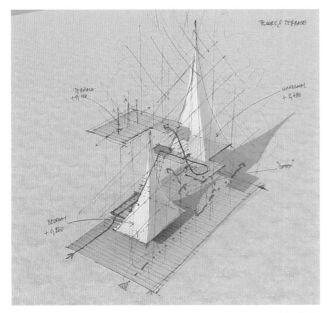

图 28 设计概念图

图 29 效果图表现的三层平台

图 30 建成后仅保留了一层平台

从细小的部分出发，最终凝聚成一个整体的聚合物，这一过程本身就如生物的生长般自然，这种彻底逆转的设计顺序或许正是隈研吾对于"负建筑"的令人满意的回答。正如他在"隈研吾大／小展"中所描述的："我在这里介绍的一种方法是将建筑从大到小分拆开，或者反过来从小到大合到一起。无论哪种方法，我们都会将重点放在建筑的零件上。认真地对待每个零件，我们能够将土地恢复成原状。零件是由物质构成的，我希望观众能够在展览上看到各种物质的巨大潜力。"

所谓的完美的建筑大概就是建筑师用自己擅长的方式所做的设计。希望所有还在加班的建筑师们都能逆风翻盘，终成赢家。

最后的最后，“建筑”还是和“结构”走到了一起

枕木峡步行桥——约格·康策特（Jürg Conzett）

位置：瑞士·阿尔卑斯山区
标签：结构，弦杆
分类：桥梁
面积：56.4m²

图片来源：
图 3、图 4 来源于 https://www.pinterest.com，图 5 来源于 http://www.traversinersteg.
ch，图 6、图 11、图 18 来源于约格·康策特的 *Structure as Space*，图 7 来源于
https://www.teachengineering.org，图 10 来源于韦尔斯的《世界著名桥梁设计》，其
余分析图为非标准建筑工作室自绘。

图1　左：约格·康策特
　　　右：彼得·卒姆托

建筑圈内有句谚语：建筑加结构，中标小能手；结构加建筑，方案全是优。而且业界也早已诞生过一对模范，就是约格·康策特和彼得·卒姆托（图1）。

那一年，42岁的"非著名建筑师"彼得·卒姆托刚成立了一个勉强能叫作事务所的事务所。事务所最早一共就两个人，一个是总建筑师，另一个是副总建筑师。那一年，29岁的"准结构师"约格·康策特已从瑞士苏黎世联邦理工学院（ETH）完成学业，正站在人生的街角迷茫思考：该从哪儿弄到下一顿的饭钱。一个急着招人，一个要找工作，加上本身又是"老乡"，两人相见无语泪先流。于是，约格·康策特成了这家只有两个人的事务所的"第三者"。没错，为了面包，结构专业的他选择当个临时"助理建筑师"，而这一"临时"就是七年。

七年间，他们合作完成了罗马考古基地保护所（图2）、汉诺威世博会瑞士馆等很多作品。然而，十三岁的年龄差还是败给了"七年之痒"。约格·康策特逐渐开始"移情别恋"，有了更谈得来的小伙伴，并最终和詹弗兰科·布朗齐尼成立了现在的CBP事务所（Conzett Bronzini Partner AG）。

图2

从 CBP 事务所的官网上可以看到，这个由结构师主导的工作室并不是很
"正经"：路桥工程和建筑项目大约各占一半，而且路桥的设计本身似
乎就超出了工程设计的范畴，呈现出更多的可能性。因为，被卒姆托调
教过的康策特果然有两把刷子，看看他的代表作枕木峡步行桥就知道了
（图 3、图 4）。康策特终于用卒姆托教过他的本领完成了超越建筑的设
计。这座桥的背景有点儿复杂：

曾经的罗马古道一直延伸到瑞士东部格劳宾登州的阿尔卑斯山区：这是
一个穿越了森林、山洞、悬崖、河流，又布满蜿蜒的山路路网的地区。
山路的沿途散落着诸多修道院、礼拜堂等历史遗迹（据说 18 世纪时歌
德曾沿着这条古道从德国前往意大利）。而随着当代徒步探险活动的兴起，
这些崎岖的道路被重新划入了整个旅游网络中（图 5）。

图 3

图 4

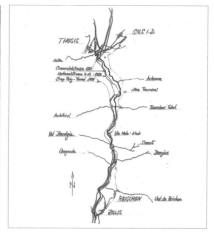

图 5

策划由一个民间私募基金会发起。由于没钱按照原样修复山谷中的渡口，所以他们便找到了康策特的事务所，希望能够在图 6 所示的枕木峡中修建一条跨越两岸的步行桥。

图 6

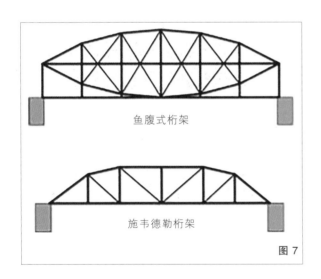

图 7

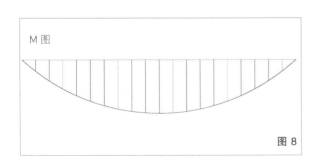

图 8

由于山路崎岖，大型机械设备和施工人员难以进入，加上当地的气候条件使得适合施工的时间很短，因此，主体结构必须通过预制完成。除此之外，桥的跨度至少需要 48m，而当时直升机最大荷载仅为 4.3t。此时常用的鱼腹式桁架（Pauli Truss）和施韦德勒桁架（Schwedler Truss）（图 7）都不能满足这一需求：这两种结构体系不仅在重量上超过了直升机的最大荷载，而且当步行者在桥梁上行走时，视线总会不断地被桥梁自身的构件所阻断。如果是一般的结构师大概根本不会注意到这种视觉感受，但康策特是被卒姆托教出来的结构师啊，他完全不能容忍这种构筑物本身在环境和人之间的强行介入。所以，他需要一个新的建构形式来满足这一特定的需求。

从长轴上看，如果将整座桥视为一个承受均布荷载的简支梁，那么在此方向上，桥身受力的弯矩图则为抛物线形（图 8）。

抛物线形的桁架恰好能使整个下部环带保持均匀的受力。此时的桁
架由上弦的层压木制成的水平连续梁、竖向压杆、下弦收拉钢索和
拉结钢索构成（图 9）。经过计算可以发现，在跨度不变的前提下，
桁架的重量对于桁架高度的变化更为敏感，而分隔的段数对于整体
重量的影响不大。在允许的最大范围内，桁架的高度（h）选用了
5m，分隔段数（n）为 24（图 10）。再从短轴上来看，通过康策特
的设计阶段草图可以发现，最终桥体的剖面形态实际上是遵循着渐
进的构成原则，通过"加减混合"操作形成的（图 11）。

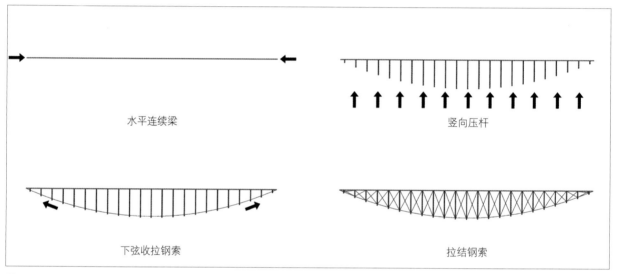

水平连续梁

竖向压杆

下弦收拉钢索

拉结钢索

图 9

kg	$n=16$	$n=20$	$n=24$
$h=4m$	4065	4068	3948
$h=5m$	4331	4236	4303
$h=6m$	4688	4823	4994

图 10

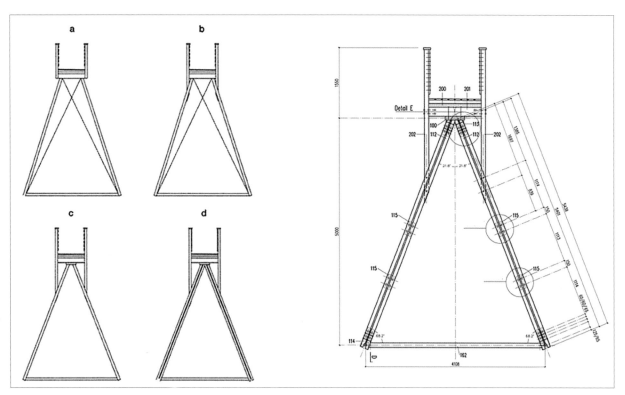

图 11

第一步：步道直接与下部梯形桁架相结合

此时，下部桁架主要承担竖向荷载，上部的步道呈 U 形，主要抵御水平向风所带来的扭力。上下两部分通过桁架的上弦，即层压水平连续木梁相连接（图 12）。此时的上下部分通过简单的加法直接联系，逻辑清晰。

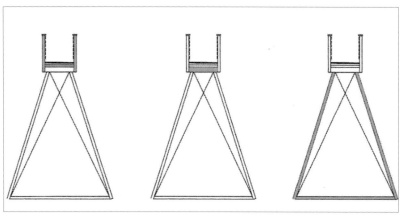

图 12

第二步：步道通过 H 形框架与下部梯形桁架相结合

步道的侧向肋杆向下延伸，形成 H 形框架并与下部桁架的竖向压杆相连。此时的步道在之前的基础上通过 H 形框架与桁架连接，获得了更高的整体强度。同时，桁架中本身只受压的竖向压杆开始产生了弯矩，这使得整个结构的建构逻辑趋于复杂（图 13）。

第三步：步道通过 H 形框架与下部三角形桁架相结合（1）

上部步道形式不变，下部梯形桁架上边（连续木梁）缩短，使得下部由原来的梯形桁架变为三角形桁架。此时，原来梯形桁架内的斜拉索被删除。由于桁架上弦变窄，使得上部步道与下部桁架的联系减弱，抗扭能力降低。为了弥补这一损失，H 形框架比上一步更加深入桁架部分（图 14）。

第四步：步道通过 H 形框架与下部三角形桁架相结合（2）

在上一步基础上，将下部桁架的竖向压杆一分为四，以便上部 H 形框架和桁架水平压杆深入到竖向压杆之中。细长的十字断面能在降水后被迅速风干，有利于提升压杆的耐久性。同时，增加线条使得下部结构显得更为错综繁密，与周遭的山林形成了呼应（图 15、图 16）。

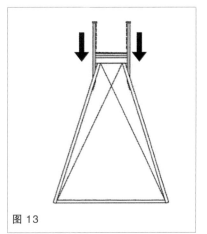

图 13

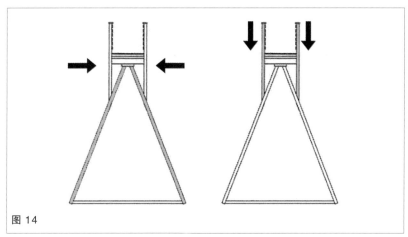

图 14

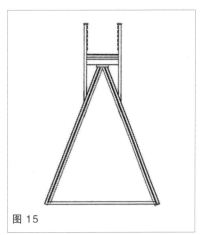

图 15

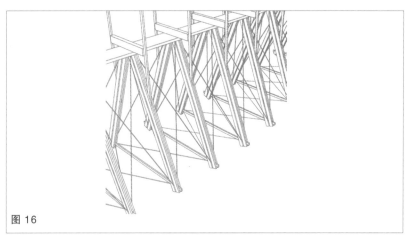

图 16

至此，一个混合结构产生了，它包括上部的 U 形步道、H 形框架和下部的三角形桁架。H 形框架是上下两部分的连接件；上部 U 形步道主要抵抗水平风载，增强整体的抗扭能力；三角形桁架的竖向压杆既受压，同时也承受着 H 形框架所带来的一部分弯矩（图 17）。

值得注意的是，如果单从一个结构师的角度去看，上部步道如果采用杆件式的栏杆可以大大减少水平向风对于桥的影响。但康策特在此"不合理"地采用了栏板进行围合，这主要出于美学和行人心理的考量：整体桥梁上部简洁敦实，下部繁复轻盈，从而形成了鲜明的对比关系。而且，栏板有较好的围合状态，有利于缓解行人在步行中的恐高心理。同时，刻意将栏板提高到 1.5m 的高度，可以将视线引向远方而不是直指河谷（图 18）。

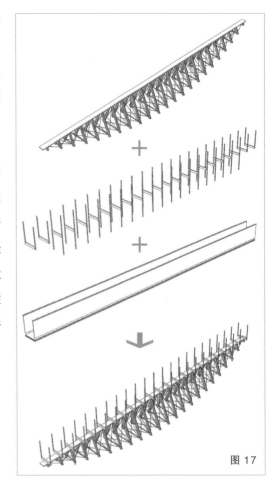

图 17

康策特曾谈过他在与卒姆托合作的七年中获得的领悟："我并不寻求独立的工程美学，即常被人提起的'承重的清晰性'。我的目标更加适度，但同时我又雄心勃勃——工程师的工作应是建筑的一个部分，不论它是有形的还是无形的，也就是说，它应该属于建筑。"

建筑之美，既在划破天际的凌空身姿之上，也在细致入微的结构细节之中。法国有一句诗："像鸟儿那样轻，而不是像羽毛。"源于自身力量的轻盈才是飞翔。

图 18

好气哦，那些数学好的人
为什么还要来考建筑学研究生

Agri 礼堂——百枝优建筑事务所

位置：日本·长崎
标签：分形几何，建构
分类：宗教建筑
面积：125m²

建筑学考研最大的优势是不用考数学。这让那些自从初二弯腰捡了支笔后，就再也没听懂数学课的"学渣"们心中再次燃起了成为"学霸"的小火苗，想想就有点小激动，以至于忽略了建筑学考研要考 6 小时快题设计这一科目。话说回来，考快题虽然痛苦，但大家自我感觉都相当不错——不管怎样你也会画满两张纸交上去，对不对？可面对数学这个玩意儿，你除了写个"解"或"证明"，就真的无事可做了啊。所以，建筑学就是我等数学"学渣"们的指路明灯、敲门板砖，与数学"学霸"们划清界限的钢筋混凝土啊。

可偏偏就有那么一群"讨厌"的人，数学经常考满分就很令人讨厌了，最令人无法容忍的是他们竟然来学建筑！比如这位名叫 Yu Momoeda 的小哥。他是个标准的"80 后"，毕业后从 2010 年开始跟着隈研吾干了 4 年，而后在 2014 年成立了自己的事务所——百枝优建筑事务所。小哥是个"暖男"，可是"暖男"暖不起事务所的生意——项目数量寥寥，只能勉强解决温饱。直到 2016 年完成了一个叫 Agri 礼堂的小建筑后，事务所才开始崭露头角。你一定也在各大网站、杂志上见过这座建筑(图 1 ~ 图 4)。

图 1

图 2

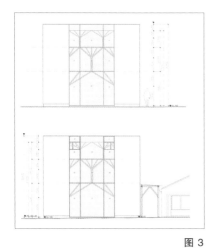

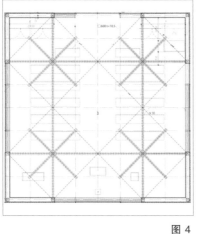

图 3　　　　　　　　　　　　　图 4

这个仅有 120 余平方米的小教堂坐落于日本九州岛西北海岸的国家公园内。对观者而言，这是显而易见的森林概念，而对设计者 Yu Momoeda 而言，这不过是一道数学题（图 5 ～图 7）。

图 6

图 5

图 7

这个设计看似简单，却和大名鼎鼎的毕达哥拉斯有关系。谈到毕达哥拉斯，数学"学渣"们的反应可能是一脸蒙。还算对得起初中数学老师的人可能还记得有个叫"毕达哥拉斯定理"的东西，也就是我们常说的勾股定理（图8），而数学"学霸"们会瞬间联想到有个叫"毕达哥拉斯树"的东西。恰巧 Yu Momoeda 就是个学霸。

★划重点：

毕达哥拉斯树，也叫"勾股树"，是由毕达哥拉斯根据勾股定理画出来的一个可以无限重复的树形图形。典型的形式就是图9中的样子（图中所有出现的四边形均为正方形，三角形均为等腰直角三角形）。如果拓展一下，我们还可以把上面的等腰直角三角形换成其他特殊形式的三角形，如一般的等腰三角形（图10）和正三角形（图11、图12）。

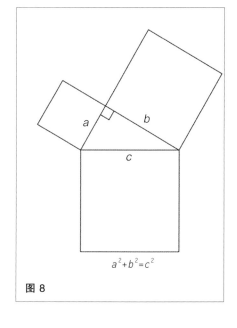

$$a^2+b^2=c^2$$

图 8

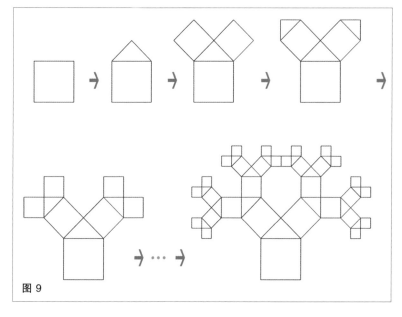

图 9

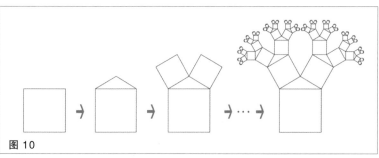

图 10

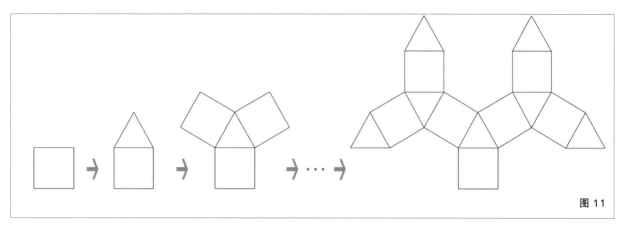

图 11

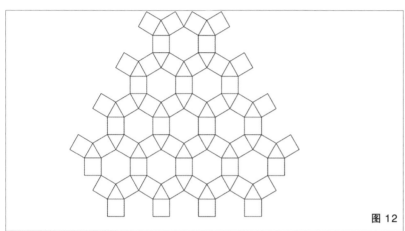

图 12

当然，这种类似"从前有座山，山里有个庙"的循环形式可以无限延续下去，而这一类的图形也可以归类为"分形几何"（Fractal Geometry）[①]。

但是，这种平面图形似乎和三维形态的建筑扯不上关系。毕达哥拉斯再厉害，他的"树"长了 50 轮撑死也就是一棵价值 5.5 元的"西蓝花"（图 13）。所以说，不怕"学渣"做方案，就怕"学霸"搞建筑，Yu Momoeda 把它进行了改进，拓展到了三维。

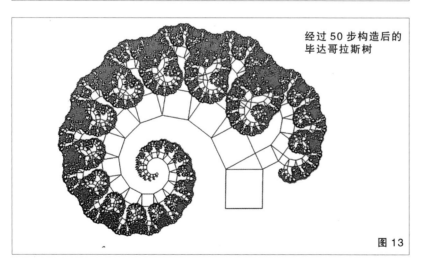

经过 50 步构造后的毕达哥拉斯树

图 13

[①] 分形几何学是一门以不规则几何形态为研究对象的几何学。相对于传统几何学的研究对象为整数维数，如零维的点、一维的线、二维的面、三维的立体乃至四维的时空，分形几何学的研究对象为非负实数维数，如 0.63、1.58、2.72。因为它的研究对象普遍存在于自然界中，因此，分形几何学又被称为"大自然的几何学"。简单地说，分形就是研究无限复杂、具备自相似结构的几何学。

平面的毕达哥拉斯树包含正方形和
某一种特殊三角形，两者通过一条
边相连。那么，三维的毕达哥拉斯
树应该是由包含正方形和某种特殊
三角形的两个"几何体"组成，两
者通过一个面相连。最终，这两个
几何体被确定为正方体和侧面为正
三角形的四棱锥。

先别懵，我们再来理理基本关系。
从"单支"开始：

1. 取正方体汇聚于某一顶点上的
三条棱的中点，并两两相连，然
后用这三条连线所构成的面切去
正方体的一角并得到切割截面 A
（图 14）。

2. 以切割截面 A 为一个面作侧面
为正三角形的四棱锥（图 15）。

3. 以四棱锥底面为一个面作正方
体（图 16）。

不断地重复上述操作，经过若干
"分形"后，可以得到右侧的结构
（图 17）。

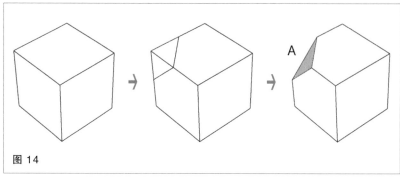

图 14

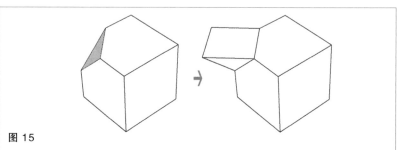

图 15

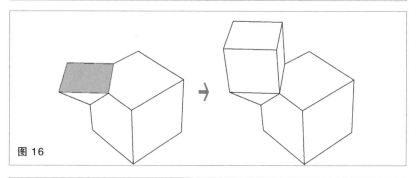

图 16

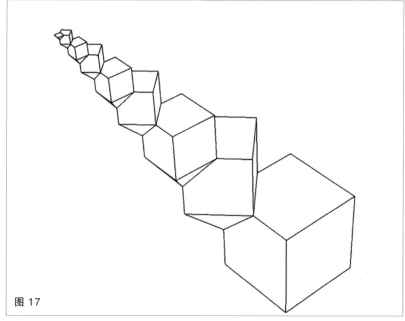

图 17

回到建筑本身，"四支"同时开始：

首先，依照上述原则在原始正方体上进行多轮操作，最终得到标准形——
一个完整的三维分形结构（图18）。然后仅提取斜向和竖向的线，得到
整体杆件结构，并根据建筑形体的控制删除多余的杆件（图19）。

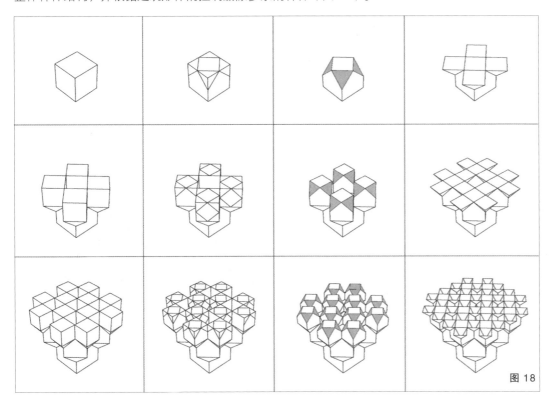

图18

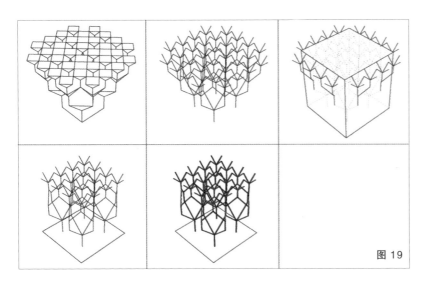

图19

再根据建筑高度要求压低整体高度
（图 20）。最后将竖向杆拉长至
与斜向杆同一水平高度，采用钢索
拉结各部，并在每根竖向杆上另增
4 根斜杆（图 21）。

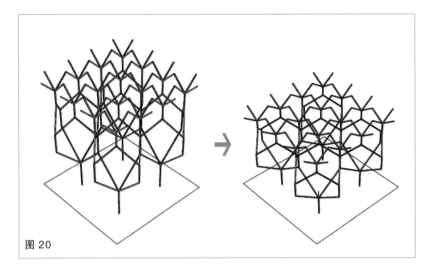

图 20

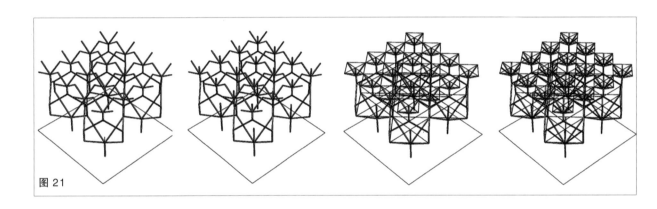

图 21

到目前为止，内部框架的宏观建构
逻辑全部完成。此时，整个构架可
以看作是由 3 层树状单元叠合形成
的。从顶视图上看，3 层的构成单
元在尺寸上恰好形成 $\sqrt{2}$ 的倍数关
系（图 22）。

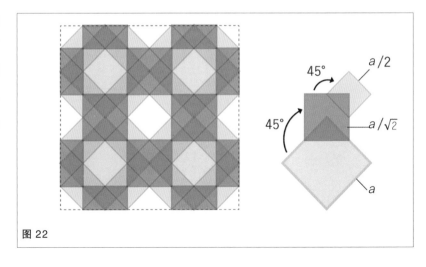

图 22

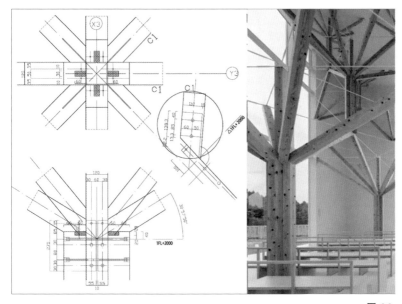

图 23

在局部的处理上，为了更好地传达受力关系，竖向杆被划分成由 5 根杆件组成的"集束柱"。8 根斜向杆均匀地布置在周围，并通过卡件固定在柱身上（图 23）。同时，为了减轻整体构架的重量，经过结构计算，在满足强度的要求下，3 层杆件的尺寸分别定为 60mm×60mm、90mm×90mm 与 120mm×120mm，大致也呈现出 1：$\sqrt{2}$：2 的倍数关系（图 24）。最后，在这一木构架角部增设片墙，加设顶盖，数学"学霸"的满分作业就此完成（图 25、图 26）。

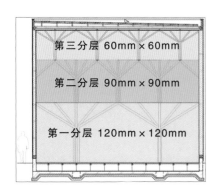

第三分层 60mm×60mm

第二分层 90mm×90mm

第一分层 120mm×120mm

图 24

图 26

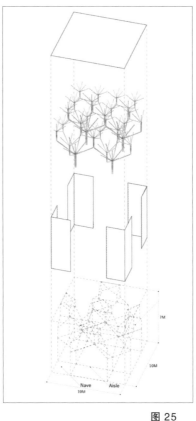

图 25

这个案例好像再次证明了"数学是一切科学之母"。但一切神化的东西对我们都没意义，要我说，这只能说明在建筑这一行中，你身上的任何闪光点都能成为镶嵌在设计中的钻石。**所有考研的孩子们，坚持、挺住。**

每次投标，都是一场《演员的诞生》

柏林国立美术馆新馆设计竞赛方案——大都会（OMA）建筑事务所

位置：德国·柏林
标签：无立面设计，镜头
分类：美术馆
面积：26 297m²

柏林国立美术馆新馆设计竞赛方案——Herzog&de Meuron 事务所

位置：德国·柏林
标签：呼应相邻建筑
分类：美术馆
面积：21 230m²

图片来源：
图 1 来源于 https://www.vcg.com，图 3、图 11、图 16、图 21、图 27 来源于 http://
oma.eu，图 4、图 33、图 36 ～ 图 38 来源于 https://www.archdaily.com，
其余分析图为非标准建筑工作室自绘。

有这样一个剧本：《柏林国立美术馆新馆设计竞赛方案》。

主角：一个新的美术馆。

配角甲：东边跨过一条高速公路的柏林国家图书馆。

配角乙：南边由密斯·凡·德·罗设计的柏林新国家美术馆。

配角丙：西边的圣马特乌斯教堂和供展出皮亚泽塔作品的画廊。

配角丁：北边由汉斯·夏隆设计的柏林爱乐音乐厅。（图 1）

想想就觉得刺激，四位大师做配角啊，瞬间感觉自己是个流量"小鲜肉"呢。

但"小鲜肉"也得有演技啊，至少要能和四位大师对上戏吧。保险的方法是把自己分成四部分，分别与四周的著名建筑呼应，谁也不得罪（图 2）。

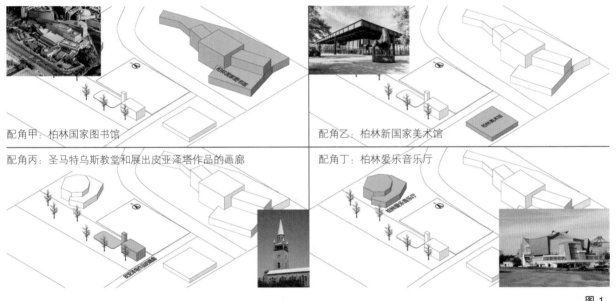

配角甲：柏林国家图书馆

配角乙：柏林新国家美术馆

配角丙：圣马特乌斯教堂和展出皮亚泽塔作品的画廊

配角丁：柏林爱乐音乐厅

图 1

图 2

在众多的"试镜演员"中，只有两位提供了这样的表演方法：一位是来自美国的 OMA "演艺公司"，简称小 O（图 3）；另一位是来自瑞士的 Herzog&de Meuron "表演学院"，简称小 H（图 4）。从现场效果来看，小 O 表现得很炫酷，而小 H 却很内敛。但主角只有一位，你猜是谁？

图 3

图 4

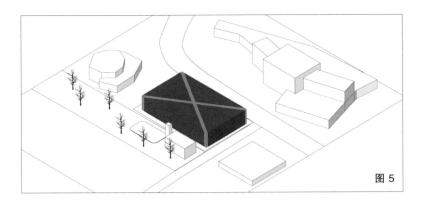

图 5

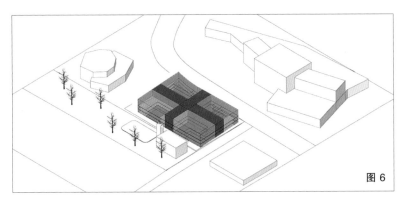

图 6

前面已经说了，在和周边四位大师对戏的时候，小 O 和小 H 的套路一样，都是谁也不得罪，只不过小 O 切了个 X 形（图 5），而小 H 切了个"十"字形（图 6）。

首先看小 O 的方案。

小 O 的方案看着很张扬，其实很低调。他的想法就是演成一个"摄像头"，最大限度地衬托四面的建筑。

第一步：确定建筑体量和层数（图 7）

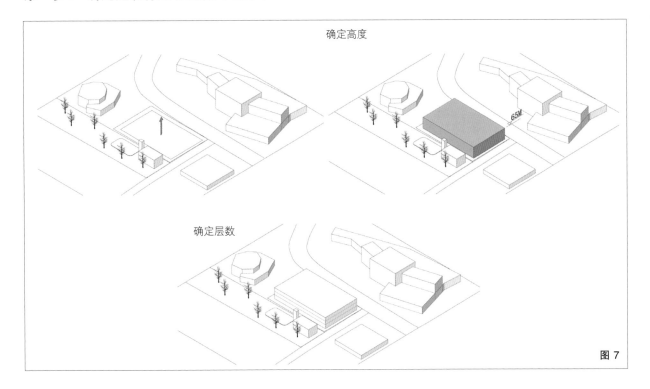

确定高度

65M

确定层数

图 7

第二步：划分"摄像头"

以四面的地标建筑为依据，将建筑沿对角线分割，形成 X 形交通空间

（图 8），然后调整切割的位置，减少建筑中的锐角空间（图 9）。

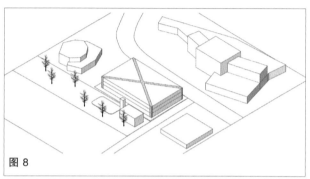

图 8

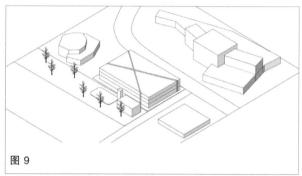

图 9

第三步：调整"摄像头"视角

削减建筑体量，使其呈金字塔形，
对周围建筑做出呼应（图 10）。

第四步：调整"摄像头"配置，为周围明星"拍照"

1.为密斯・凡・德・罗拍照
南边是密斯・凡・德・罗设计的柏
林新国家美术馆，在大师面前不敢
高调（图 11）。

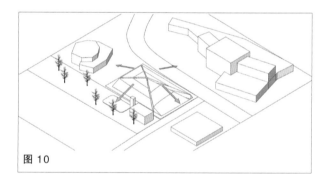

图 10

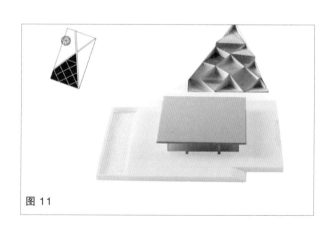

图 11

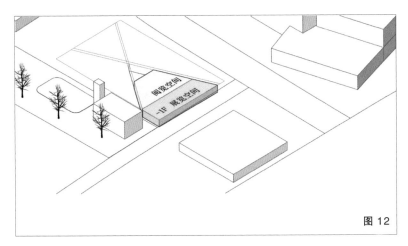

图 12

（1）确定地下一层功能（图 12）。

（2）划分空间，控制网格，并调整网格角度，配合 X 形交通空间，让更多空间边界面向建筑（图 13）。

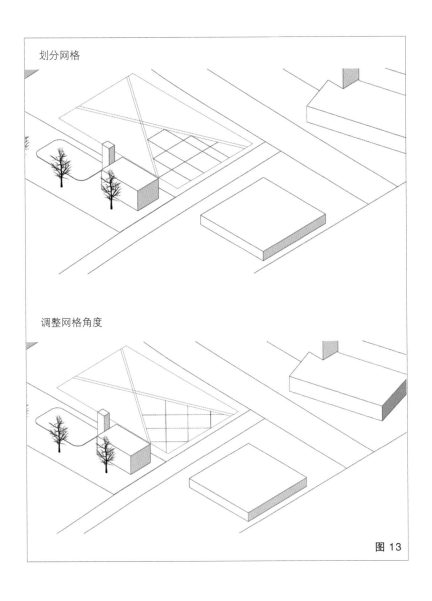

划分网格

调整网格角度

图 13

（3）根据网格生成各层空间。调整局部空间，对周围建筑和环
境做出呼应（图14）。

（4）重新组织墙体，根据网格线生成贯通3层的连续不断的斜
墙（图15）。

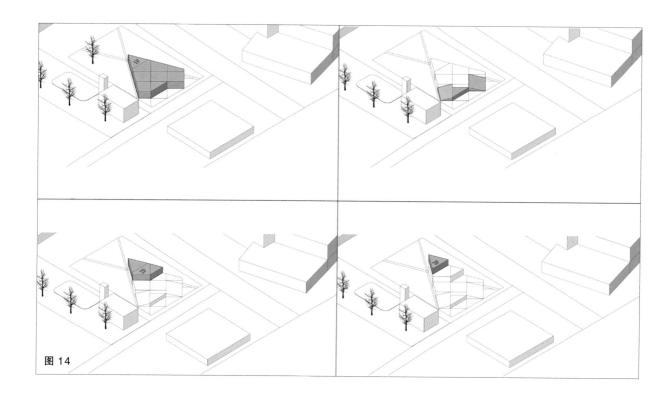

图 14

根据网格升起墙体

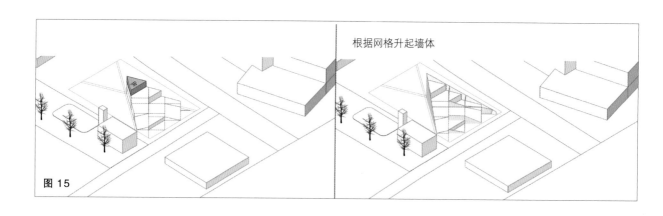

图 15

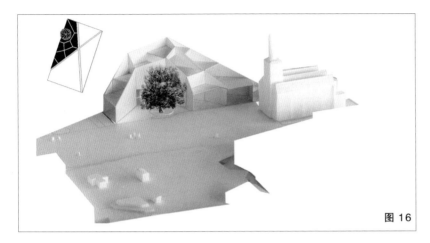

图 16

2. 为风景"拍照"

西边是一个开放的城市公园，里面有民族风格的圣马特乌斯教堂和展出皮亚泽塔作品的画廊。建筑师没有破坏树木，而是让树木和建筑互相渗透，以便放入更多的公共性空间（图16）。

（1）安排地下一层功能，根据X形交通空间生成网格（图17）。
（2）根据保留的树木重新调整网格（图18）。

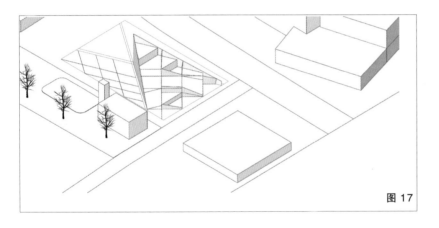

图 17

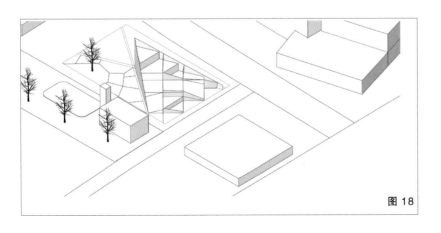

图 18

（3）在一层放入餐厅、商店以及研讨室。二、三层为展览空间（图19）。

（4）重新组织墙体（图20）。

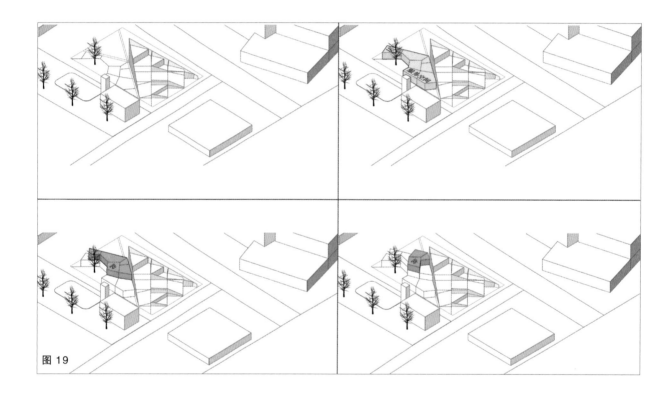

图 19

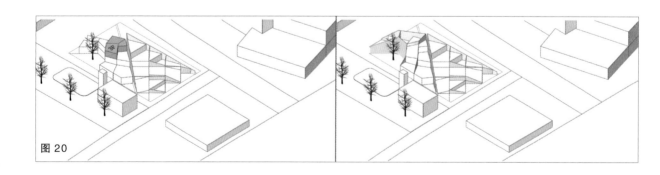

图 20

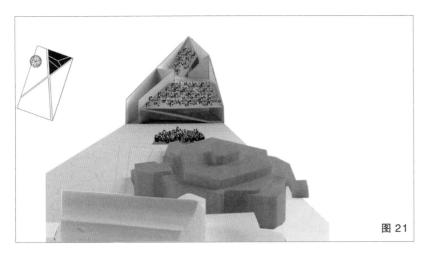

图 21

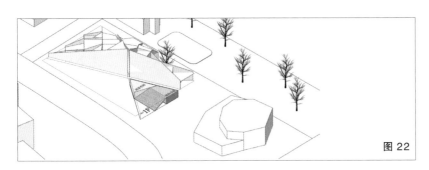

图 22

3. 为爱乐音乐厅 "拍照"

多组楼梯、听众席以及集会场地沿着一条连续转折向上的斜坡布置，而斜坡屋顶同时也可作为观众席，供人们观看音乐厅北向广场内举办的露天演出（图 21）。

（1）布置地下一层空间与功能（图 22）。

（2）组织一层空间，设置入口空间和室外空间，并调整其位置，创造更大的室外活动空间（图 23）。

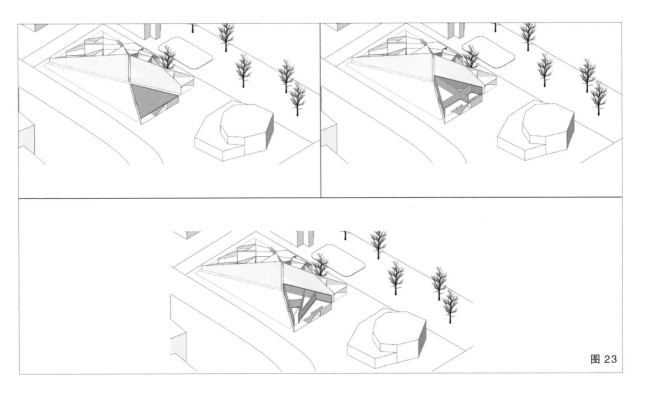

图 23

（3）设置一层观众席，将一层与负一层连接起来（图24）。

（4）加入二、三层楼板，隔墙和室外观众席（图25）。

（5）重新组织墙体（图26）。

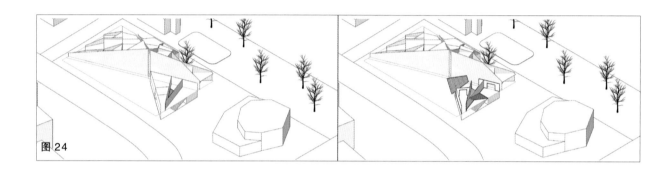

图24

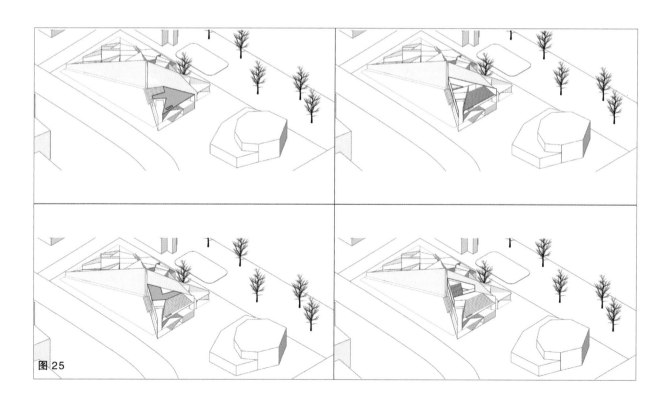

图25

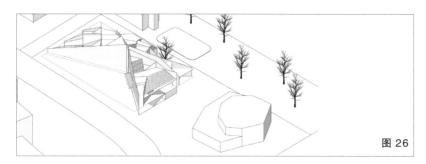

图 26

4. 给柏林国家图书馆的特写

这一部分结合可以向上折叠开启的玻璃外墙，作为临时展场的首层，正迎合了图书馆要兼顾各种市民活动的公共属性（图 27）。

（1）组织负一层到三层的展览空间（图 28）。

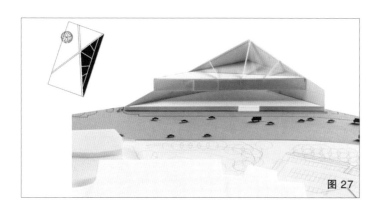

图 27

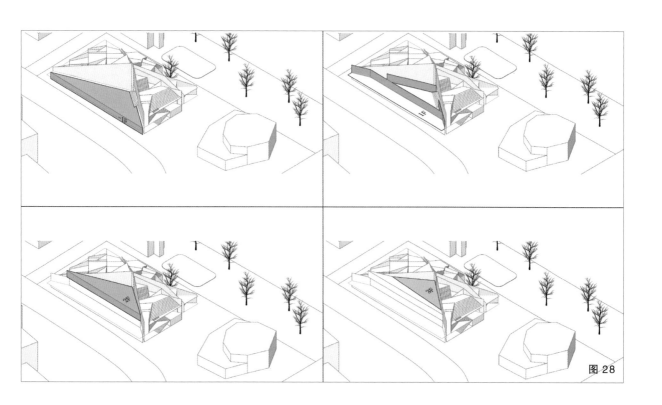

图 28

（2）重新组织墙体（图 29）。

整座建筑的主要交通体系都在 X 形切口中（图 30）。小 O 充分隐藏
了自身的性格，扮演着一个呼应四边建筑的观景平台的角色。他就像
一个真正的小弟，安安静静地让观众欣赏四位大师英武的身姿。

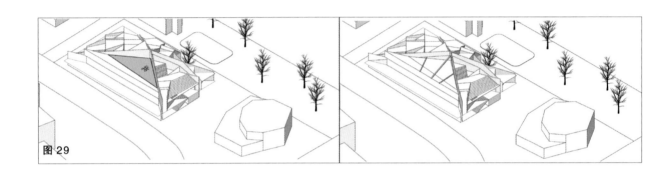

图 29

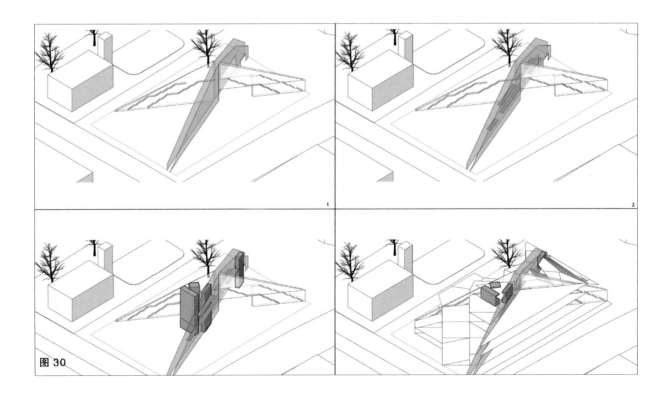

图 30

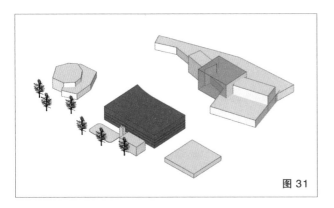

图 31

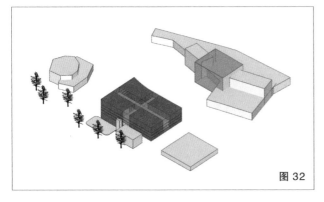

图 32

图 33

再看小 H 的方案。

由于该方案重点打造的是内部流线，因此需要先确定十字流线的主要走向，再根据流线生成建筑内部空间。

1. 确定建筑层数（地上、地下各两层）以及建筑形态（图 31）

2. 以贯穿基地的十字交叉点将建筑均匀分成 4 块（图 32）

3. 完善流线
为使两条轴线在各自的方向上都能作为一条主要流线，将短轴作为地上部分的主要入口和通道，长轴为地下部分的主要入口和通道，保证它们在中央汇聚处只有视觉交叉，而没有路径交叉（图 33、图 34）。

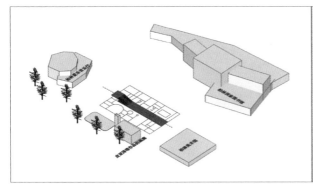
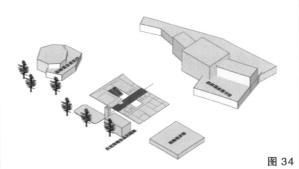

图 34

4. 沿着两条流线分别布置各层功能区域，完成整座建筑（图 35）

小 H 的空间和形体生成简单明了，是因为他的 "表演" 重点不在于此，
而在于对四周建筑肌理与场地文脉的呼应。

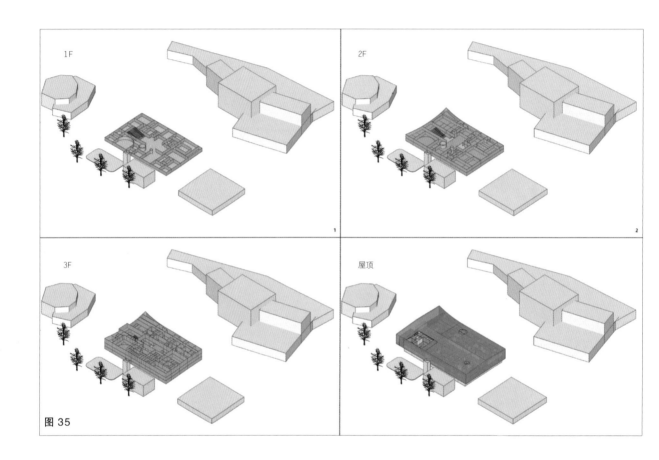

图 35

附加 "演技" 1：材料的呼应

建筑立面用砖砌成花格，赋予其与
周边建筑相适应的年代感，使其不
至于 "出戏"。而花格图形的小变
化又增添了与众不同的 "小心机"
（图 36）。

附加 "演技" 2：形象的呼应

或许是受旁边的教堂的启发，小
H 想到了一个寺庙的概念，因此，
建筑形象采用古典坡屋顶造型，低
调，但很坚定地强调了场所精神
（图 37、图 38）。

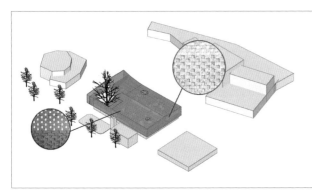

图 36

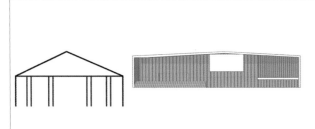

图 37

我们来公布主角吧!

恭喜 Herzog&de Meuron 事务所喜获柏林国立美术馆新馆"最佳演员奖"!

意外吗？其实也不意外。我也很喜欢大都会（OMA）建筑事务所的方案，但建筑是协调各方关系的复杂整体，不是独角戏。如果拿了男一号的剧本，就算配角们再大牌，你也不能认怂跑龙套。而大都会（OMA）建筑事务所不仅跑了龙套还给自己加了一个穿越的戏份，成了手拿摄像头的小跟班。

再好的创意也敌不过甲方写好的剧本。没有最好的建筑，只有最适合的建筑。

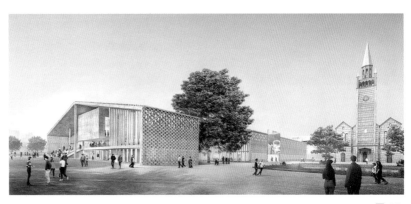

图 38

你的建筑可以不讲道理，
但要讲道德

巴塞尔动物园水族馆——— HHF 事务所、Burckhardt + Partner 事务所

位置：瑞士·巴塞尔
标签：互换，削减
分类：水族馆
面积：8950m²

图片来源：
图 16、图 18、图 19、图 21、图 26 ～图 28 来源于 http://www.beta-architecture.com/ozeanium-zoo-
basel-hhf/，其余分析图为非标准建筑工作室自绘。

最近，很多城市都流行所谓的"迷你动物园"，就是把动物园开到商场里。大家吃吃饭、逛逛街，再顺便看看动物卖萌，简直不要太惬意。但是，你们问过动物的感受吗？

动物园的基本功能是展示动物，不仅仅是展示动物本身，还要展示动物的自然行为和所处的自然环境。但说到底，展示是为了保护，而不是让动物"站街卖笑"。三毛说过，如果人和动物可以对话，拒讲的一定是动物。"万物平等"这种口号在不面对其他物种时总是很容易喊的。就像作为建筑师，如果真要让你设计一座动物园，你说你会先考虑人，还是先考虑动物？

这次要拆解的水族馆是瑞士巴塞尔动物园的新扩建项目，位于动物园的东北角。场地不远处就是火车站，东侧是城市主干道的高架桥。园方希望水族馆能够承担起作为动物园形象标识的重任（图1、图2）。

图 1

图 2

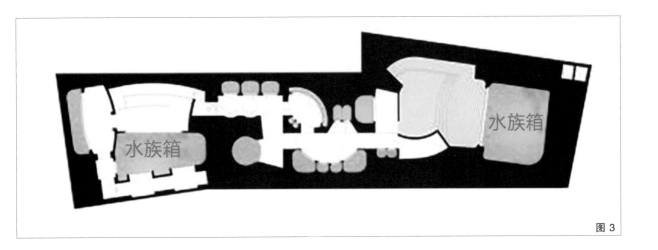

图 3

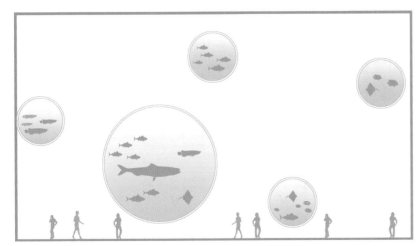

图 4

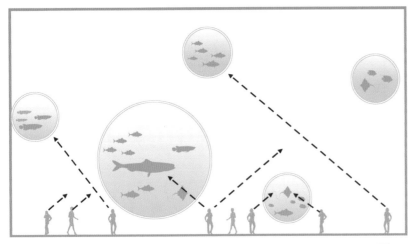

图 5

你看，连动物园自己首先考虑的都是人类需求——成为一个地标。或许在大多数人眼里，所谓水族馆不过是换了个叫法的博物馆，只是展品换成了水中的动植物，但一样要被放置在精致的展柜中。所以，多数水族馆的布局也和博物馆空间类似（图 3）。那么，设计的重点就是怎么把展品摆放得让诸位看官高兴、满意（图 4）。当然，这种空间一般都是说得热闹，但其实人在里面的活动非常简单——除了使劲看，就是随便看（图 5）。

从常理上来讲，这样设计是没什么
问题的，除了一点：你问过鱼的感
受吗？你想看鱼，鱼想看你吗？就
算你长得美，鱼也想看你，但水族
馆是鱼的长期住所，你只是偶尔来
看看，凭什么把好地方都让给你？
而鱼儿们想互相串个门、"聊聊天"
都不行。如果无言以对，那就和鱼
儿们互换一下空间吧（图6）。这
样至少在你看鱼的时候，鱼也可以
和小伙伴们一起围观你（图7）。

图 6

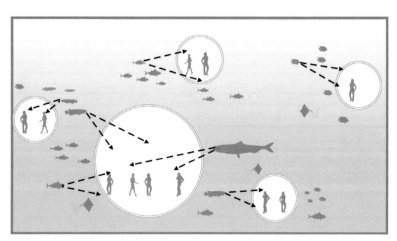

图 7

那么，问题来了，建筑师怎样让陆
生物种——人类在鱼缸里溜达呢？
这个想法真的能实现吗（图8）？
不知道的话，那就试试看吧。反正
也想不出来什么好办法。

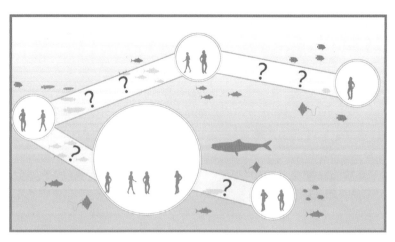

图 8

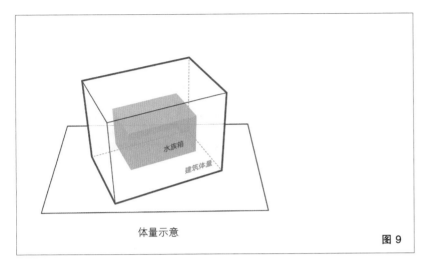

体量示意

图 9

首先，我们在建筑体块的核心区里放满水，给鱼做一个超级大鱼缸（图9），然后在这个大鱼缸里选定人的观览位置（图10），再把这些观览位置用路径从底层串联起来（图11）。

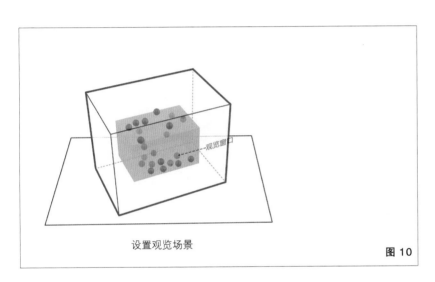

设置观览场景

图 10

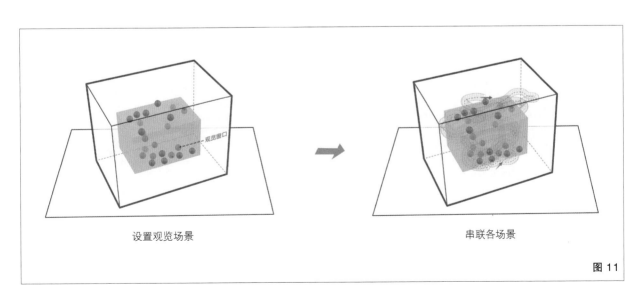

设置观览场景　　　　　串联各场景

图 11

接下来，根据水族馆的实际需求，给鱼分房间。将大鱼缸划分为极地海岸、
海草森林、深蓝海域、红树林和珊瑚礁五个部分，并把路径剔除出去
（图 12）。

依照划分好的水族箱的实际体量来确定建筑的外形轮廓（图 13）。

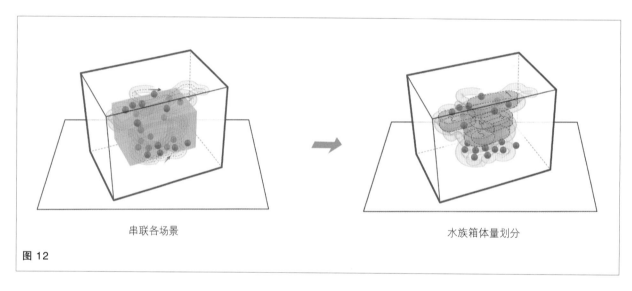

串联各场景　　　　　　　　　　　　　　　　　　水族箱体量划分

图 12

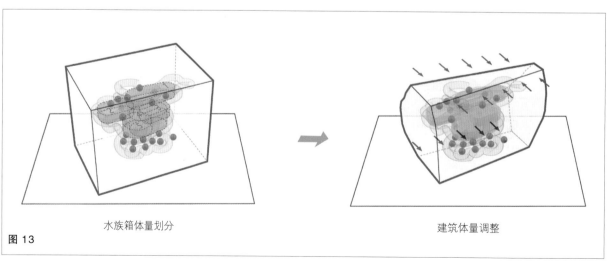

水族箱体量划分　　　　　　　　　　　　　　　　建筑体量调整

图 13

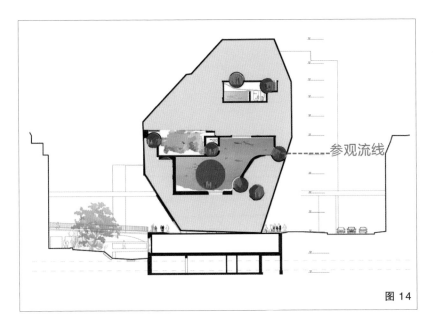

图 14

这里建筑师犯了一点儿职业病，既参考了内部水族箱的分布，又模拟了自然界礁石的形态——做形式就要有意义。当然，这个外部造型并不是唯一的结果，但无论外部造型怎样变化，容纳游客的球体和水族箱的关系都是固定的（图 14）。随便什么样子都好，只要你喜欢（图 15）。这种布局关系不仅让鱼有了更广阔的活动空间，还让游客从以前的单一面观览变成现在的360°立体环绕式探索（图 16）。

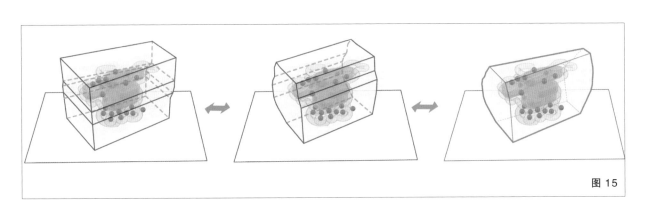

图 15

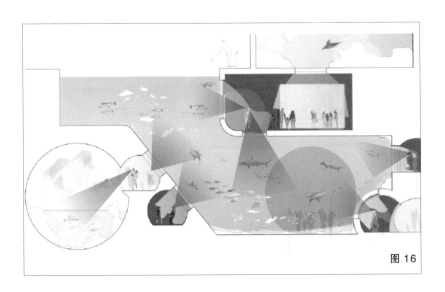

图 16

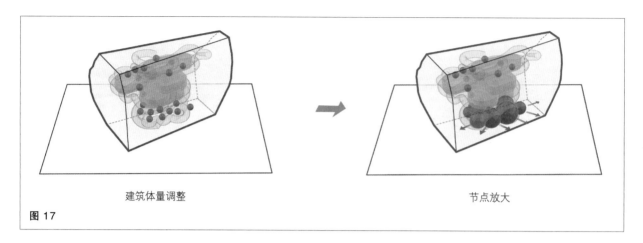

建筑体量调整　　　　　　　　　　　　　　　　节点放大

图 17

还有一些生活在浅水区的动植物不适合放在这个大鱼缸里，怎么办？建筑师把参观路径上的少数节点放大，成为浅水区展览空间，让人和水族生物在这里共存（图 17）。被放大的局部凸出于建筑主体，便于阳光进入，保证生态系统平衡(图18、图 19）。

图 18

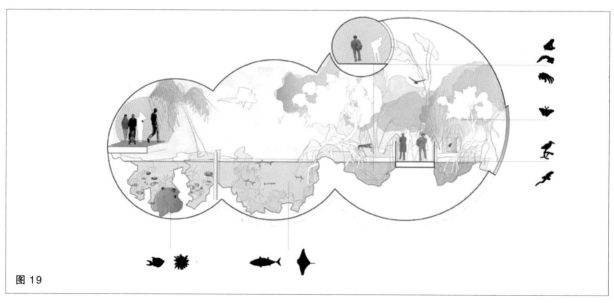

图 19

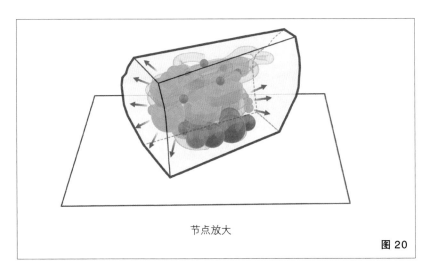

节点放大

图 20

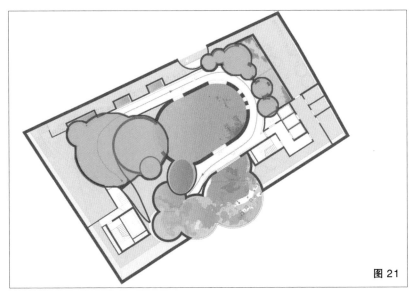

图 21

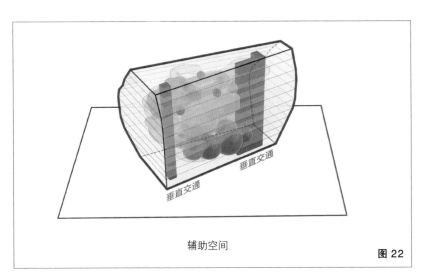

辅助空间

图 22

　虽然水族馆的主角是鱼，不是人，但人的需求也不能被忽视，否则各位游客不来"打卡"、买门票，拿什么给鱼买好吃的呢？所以，设计师用同样的方法，在路径上扩大部分空间，使其成为游客休息、交流的公共空间（图 20）。同时，这些公共空间也成为联系水族箱、参观路径、辅助空间三者之间的枢纽（图 21）。接下来还要考虑垂直交通和辅助办公空间（图 22）。

这样是不是就可以了呢？少年，你还想不想收设计费了？真的把甲方的嘱托当空气了吗？人家要地标啊！水族馆三面临路，是游客进入动物园区的门户，同时，建筑底部要承受上部巨大的水体重量，因此，建筑师使用相同的母题，削减建筑，形成壳体，把建筑变成适合承重的造型，同时开放底部，使其成为公共广场。球形体块与水族馆在底部相交，将建筑内部的大鱼缸提前"剧透"——还有比这更特别的地标吗（图 23）？

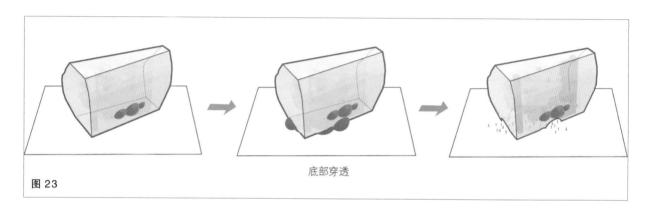

底部穿透

图 23

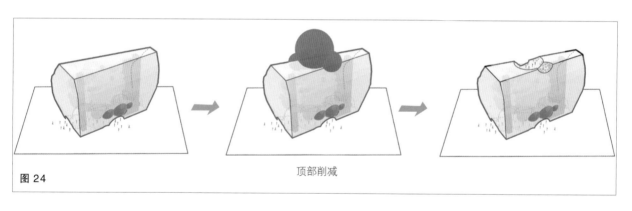

顶部削减

图 24

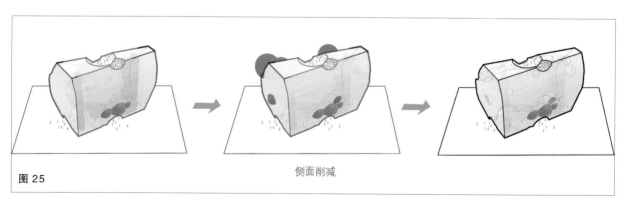

侧面削减

图 25

图 26

图 27

图 28

这还没完，建筑师还在屋顶设计了小型广场和餐厅，人群的活动无形中又成了水族馆面向城市的另一件"展品"（图 24、图 25）。最后再加上石材肌理的表皮。这才是 HHF 和 Burckhardt +Partner 合作设计的巴塞尔动物园水族馆（图 26～图 28）。

大自然为什么变幻万千？因为它从来不是为单一物种而存在的，它要为世间万物提供繁衍生息之所。大城市为什么千篇一律？因为那些自大傲慢的人永远只想到自己。对于建筑设计这种需要创造力和想象力的工作，突破常理、打破规矩是基本技能。但道理能突破，道德不能突破，想象没有边界，但设计需要底线。设计的底线就是隐藏的道德。如果你没有了灵感，可能是因为你心中塞满了自己。

谁不是一边熬夜做方案，
一边通宵打游戏

潍坊校园图书馆方案——WORKac 事务所

位置：中国·潍坊

标签：加法，空间

分类：图书馆

面积：28 000m²

图片来源：

图5、图7、图9~图11、图15、图17、图19、图20、图21、

图24、图27、图29、图30来源于 https://work.ac/work/weifang-campus-library/，

其余分析图为非标准建筑工作室自绘。

最令人无法拒绝的两个晚睡的理由应该就是做方案和打游戏了吧，因为这两件事都属于一个人的自由，无法分享，只能独享。 而对建筑师来说，这两件事可以是一件事。黑夜给了我黑色的鼠标，我却用来边打游戏、边做方案。

你是不是以为我接下来要说的是建筑师必玩的游戏经典《我的世界》或者《模拟城市》？人家这么有深度的建筑师怎么会玩这么简单的游戏？我说的是这个（图1）。用现实社会的眼光来看，抢走公主的库巴是个痴情霸道总裁，虽然长得丑，但有房、有车、有势力，而一直努力拯救公主的马里奥则是个普通青年，只有一条背带裤，行走基本靠蹦，日常爱好钻管道。但是马里奥这个"人设"有点"细思极恐"，因为他还有一个爱好——收集金币。所以，这位几十年如一日穿着背带裤的男人其实是个腰缠万贯的隐形富豪啊！平时做水管工可能只是为了实地调研，真正的目的或许是为了开发巨大的地下水管房地产，因为每一个水管都是一个新空间的入口。根据建筑师的职业病特征第二条，建筑师在吃饭、睡觉、逛街、唱歌、运动、看电影、打电动等所有时刻都可以做方案。也就是说，虽然我的双手还在操纵着马里奥旋转、跳跃、踩乌龟，但我的大脑已经开始为这个意大利富豪设计管道方案了。曾有游戏公司统计过《超级马里奥》游戏世界里出现的金币数量，截至《超级马里奥：奥德赛》发行之前，所有游戏的金币总数为 10 071 473 枚，就算每一枚都是 1 块钱硬币，那也够"壕"的级别了呢。

我简直已经迫不及待地要为这个水管工设计方案了。

图 1

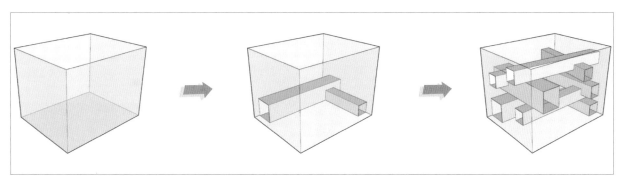

图 2

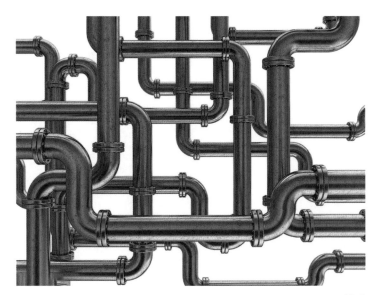

图 3

首先，我们随机截取一个方块空间，然后往这个方块里插各种"管道"（图2）。根据建筑师职业病特征第三条，建筑师必有强迫症。你肯定要问为什么这些管道的大小、方向都不一致，高度也参差不齐，而且每个管道头尾都各不相连。这恰恰是"管道空间"的优势所在，请记住这个关键词——自由（图3）。另外，管道互不相连，也保证了管道内空间的独立性。独立——这是管道空间的第二个关键词。

那么，这些自由又独立的空间可以用来干什么呢？能干的事可太多了。每座建筑里总有一些需要独立封闭的功能空间，比如图书馆里的阅览室、自习室；博物馆里的展厅、多媒体厅；写字楼里的办公室、会议室等，都可以塞到管道里（图4、图5）。

玩过《超级马里奥》的人都知道，马里奥先生不但经常钻水管，还会在管道上蹦跶，这说明甲方对管道外的空间也是有开发想法的。甲方有需求，我们就要跟进。"管外空间"的体积虽然比"管内"的要大，但真正能使用的只有"管道的上表皮空间"，也就是马里奥先生实地调研过的地方（图6）。虽然管上和管内的面积差不多，但"管外空间"的开敞度要比"管内空间"大很多。所以，在这部分空间中放置休息区、活动区等公共空间就非常合适（图7）。

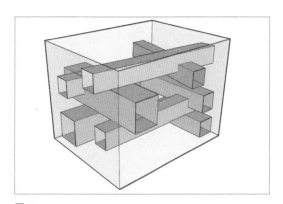

图 4

图 5

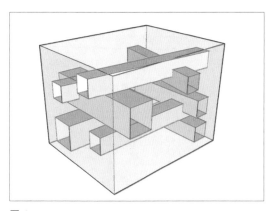

图 6

图 7

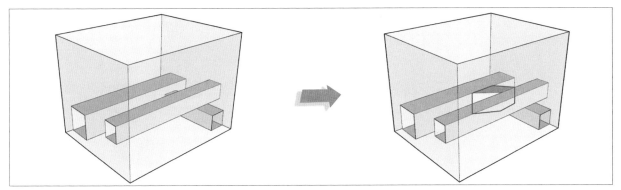

图 8

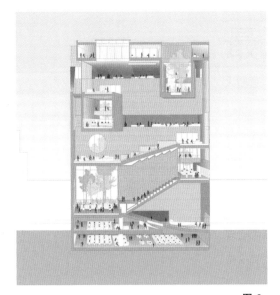

图 9

到目前为止，我们所设计的全部空间都是水平的，如果需要放置阶梯式的报告厅等就会很麻烦，所以要加入一个"新管"来塞入阶梯式空间（图 8）。选择两个有高差的"管道"，在两管之间加入新的"管状空间"。由于两"管"的大小和高度不同，因此便产生了"管内"和"管上"两种不同坡度的空间（图 9）。

至此，你应该也看出来了，这其实是个用水管做空间的建筑 ——WORKac 设计的潍坊校园图书馆方案（图 10、图 11），就是不知道意大利富豪马里奥先生能不能看上眼。

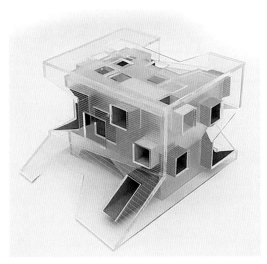

图 10

图 11

那么，问题来了，既然是图书馆，最重要的藏书空间去哪了呢？还有就是这些悬空"管道"要靠什么东西支撑起来呢？我们在《非标准的建筑拆解书（思维转换篇）》中拆解过的东京普拉达（Prada）旗舰店给出了其中一种答案（图12）：在"管道空间"之外加入楼板来放置其他功能，结构问题则由新加入的"垂直管道"（包含楼梯间或其他功能的"管"）来解决。

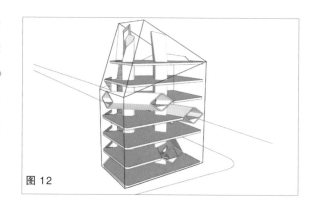

图 12

但这次建筑师并没有这么做，他设计出了一个新空间来解决这几个问题。

管壁空间

现在能支撑悬空"管道"的只有方盒子的4个面，没有厚度的面无法作为结构存在，所以需要将面升个维度。将4个面向内偏移一定的距离，"方块"变为"方管"，"管内空间"成为建筑的中庭，可用的功能内空间变为加厚的"管壁空间"（图13）。然后在"管壁"中加入楼板，将剩余的藏书空间、图书馆业务用房、行政管理及设备用房等塞入其中（图14）。

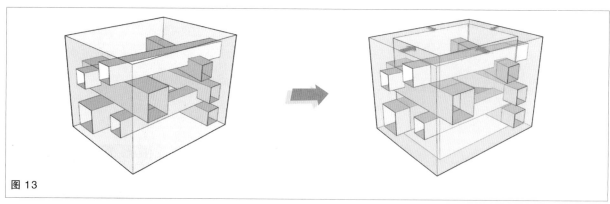

图 13

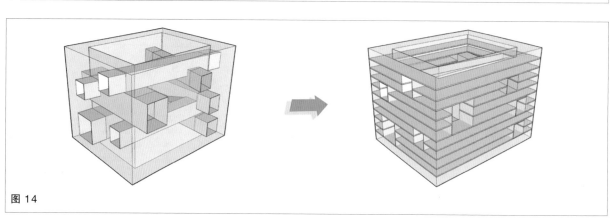

图 14

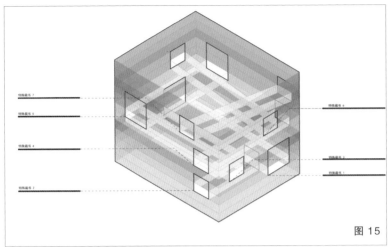

图 15

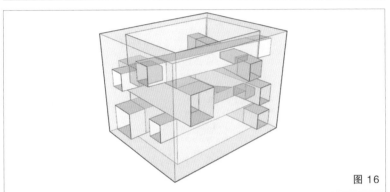

图 16

图 17

藏书空间的分类方式则用到了杜威十进制图书分类法（Dewey Decimal Classification）[①]，此分类法将图书分为从"000"到"900"10大类，从管壁空间中抽出10层，一层放一类书，这样就解决了藏书空间的布置问题（图15）。因为"管壁空间"的加入，又出现了一系列新的空间，如管道相交空间。

管道相交空间

现在建筑中"管子"这么多，而且每个"管子"都有各自独立的功能，那么它们之间相交的地方该怎么处理呢？

1. 内管道和内管道

8个"内管道"之间完全可以相互分离，但建筑师刻意将它们两两相交（图16），原因之一便是打破每个"管道空间"内的封闭性。在两管相交处将位于高处的"管"变成一个透明的连桥，这一空间为两个相互独立的管内空间创造了视线上的交流，也让在此阅读的人感受到空间的多样性（图17）。

① 杜威十进制图书分类法是由美国图书馆专家麦尔威·杜威发明的，对世界图书馆分类学有相当大的影响。在美国，几乎所有公共图书馆和学校图书馆都采用这种分类法。不过，中国普遍采用《中国图书馆分类法》。

2. 内管道和管壁空间

由于 "内管道"和"管壁空间"
的功能主要为阅览空间和藏书空
间，所以，最适合在交接处布置的
功能就是两者的过渡空间——借书
处（图 18）。因为阅览区对光线
有特殊要求（防止阳光直射），
所以，"内管道管口"处的幕墙向
内推进，形成一个自遮阳体系，同
时，新的露台空间可以作为空中花
园（图 19、图 20）。

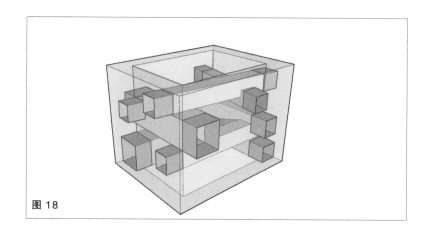

图 18

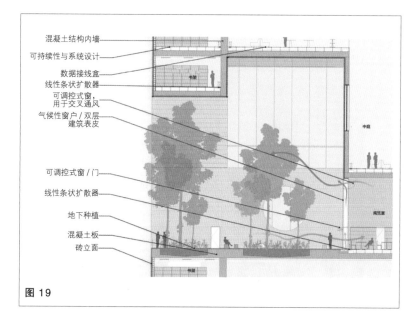

图 19

图 20

3. 双重内管道和管壁空间

在管壁空间的角部，有两处"双重内管道"与 管壁相交的区域。这一次，建筑师再次借鉴了空中花园的思路——做一个更大的空中花园。将两个"管"的相交处合并为一个更大的口，两管相错的地方采用阶梯的形式进行过渡。新的"管口"不仅是一个空中花园，同时也将外部自然环境纳入建筑的内部空间（图21、图22）。

图 21

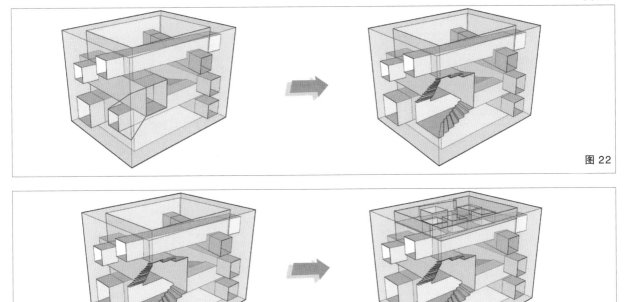

图 22

图 23

图 24

4. 内接管和大方管管口

位于顶部的 "内管道"，建筑师不想浪费它能充分接触自然光的优势，所以在封闭"大方管管口"的同时，在"内管道"上方开几个孔，在中庭上方开几个采光天窗（图23），这样就将这个内接管做成了既是建筑内部，又是建筑外部的屋顶庭院（图24）。

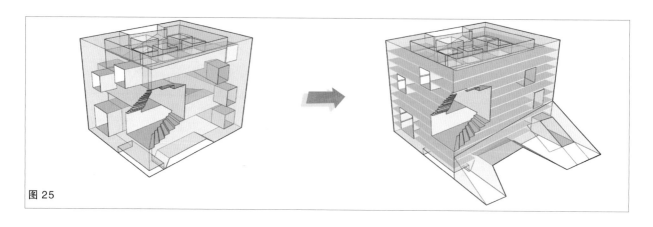

图 25

管道—建筑

内部空间布置完之后，再加入和场地呼应的坡道空间，将内部的"管状空间"延伸出来与之相结合，形成一个新的入口（图 25），然后给整个建筑加上门、窗等构件以及立面材质就大功告成，可以和马里奥谈价钱了（图 26）。

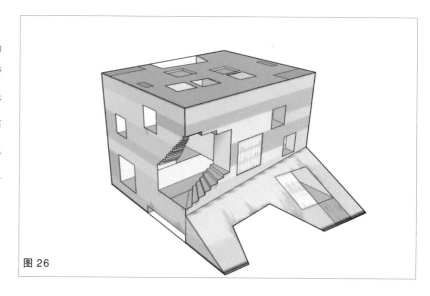

图 26

彩蛋

管道为什么这么布置（图 27）？之前说"内管道"的优势之一是它在布置上的自由性，但是管道的布置真的没有限制吗？下面我们就来看看。

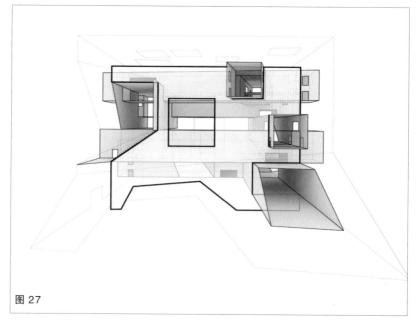

图 27

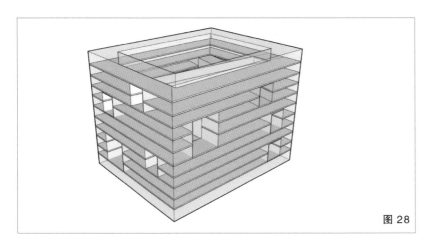

图 28

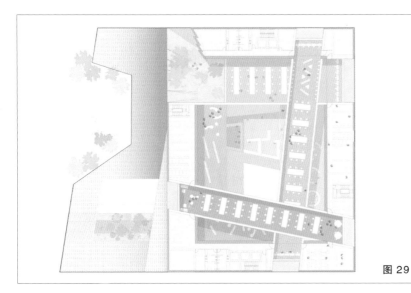

图 29

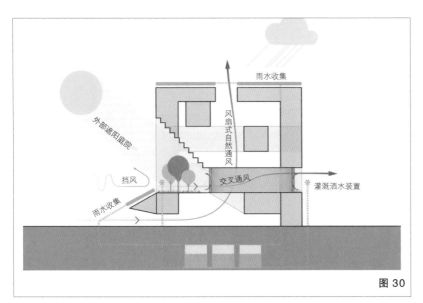

图 30

楼层的限制

"内管道"的布置虽然存在一定的自由性，但它们的布置一定要符合楼板所划定出的水平网格，并且相邻的两个"管道"之间必须相交，以此来打破各自的封闭性（图 28）。

功能的限制

因为每层藏书空间都需要对应的阅览空间，所以每层都有两个"内管道空间"为对应的藏书空间服务（图 29）。

被动节能

"内管道"及"管道相接处"的设计同时考虑了绿色建筑的设计要素，让建筑在提供更好的空间体验的同时，也满足节能需求（图 30）。

建筑学不是让人教的，只要你愿意，你可以从任何地方、用任何方式获得创作灵感，而这些灵感大概率不会出现在教科书上。至少玩游戏和做方案应该是不会冲突的，不仅是因为都需要晚睡，更主要的是，在这两件事里，都只有人民币玩家才能生存。

如何在国际竞赛中战胜 BIG 建筑事务所

荷兰 ArtA 文化中心——NL 建筑事务所

位置：荷兰·阿纳姆

标签：开放

分类：文化综合体

面积：8500m²

图片来源：

图 2～图 8、图 10、图 15、图 16、图 21～图 23、图 27、图 30 来源
于 http://www.archcollege.com，其余分析图为非标准建筑工作室自绘。

当然，BIG 建筑事务所并不是不可战胜的。但如果碰到了，也和碰到个漏洞差不多，因为 BIG 总是不按常理出牌，做事简单粗暴。如果这个竞赛里还有隈研吾这种心思细腻、情怀"爆棚"的另一个极端出现，你的处境就更尴尬了。

这个竞赛是荷兰 ArtA 文化中心，项目选址在阿纳姆市莱茵河畔，设计要
求包括博物馆和电影院（图1）。为什么说处境尴尬呢？你要是想走酷
炫的路线，肯定比不过 BIG，事实上，他们也没让大家失望，继续以其
大气磅礴的扭转设计，创造出令人震撼的空间效果（图2 ～ 图4）。

你要是想走低调、清新、有内涵的文艺青年"范儿"，那肯定玩不过都
快修成仙的隈研吾。这次隈研吾设计出了一个银丝网覆盖的复合结构，
看着就十分有文化（图5 ～ 图7）。你说你还能怎样，总不能来个非主流吧？
所以，聪明绝顶的库哈斯先生就退出决赛圈了。

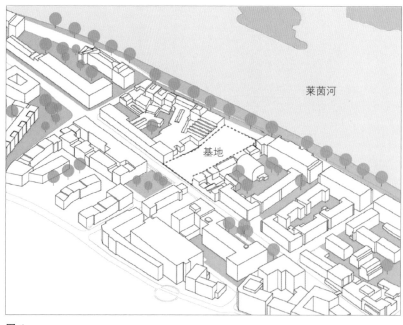

图1

图 2

图 3

图 4

图 5

图 6

图 7

但还是有不怕死的，那就是 NL 建筑事务所。结果，他们最终打败了 BIG 和隈研吾，赢得了 ArtA 文化中心的设计权（图 8）。实话实说，他的建筑造型和竞争对手们比起来，简单得像一个一眼就能看透的"傻白甜"，真的是没什么存在感。那他们到底是凭什么赢的呢？

图 8

博物馆类建筑一般都自带主角光环，到哪儿都要"怒刷"一波存在感。如果一不小心紧挨着某个美丽的自然景观，如莱茵河，那就更得盛装登场、光彩夺目，方不辜负这良辰美景。正常建筑师都会这么想，包括 BIG 建筑事务所和隈研吾。可陷入绝境的 NL 建筑事务所不敢这么想，因为这么想就必死无疑。那么，除了一座美丽的建筑，还有什么东西可以和一处美丽的景观更

般配呢？答案就是另一处美丽的景观。所有人都知道，在自然美景面前最适合建造的只有公园，而不是任何"自以为是"的建筑。然而，甲方的任务书明确要求是建博物馆和电影院，从哪儿变出个公园来呢？如果不占用任务书里的用地呢（图 9）？是的，NL 建筑事务所为

了做出一个公园，把项目对面原本打算做停车场的空地也一起设计了（图 10）！免费多做设计这种事，估计没有甲方会拒绝。

★划重点：

有一种存在感，是帮别人找到存在感。

莱茵河

任务书规划用地

公园设计用地

图 9

图 10

让建筑"消失"，突出景观的存在感

俄罗斯方块告诉我们：如果你合群，就会消失。在建筑设计上，这个消失策略同样成立（图 11）。

将长方形的建筑体量进行退台处理，加入屋顶绿化（图 12）。加入步行台阶，把自己伪装成一座城市绿化公园，并与对面空地一起形成景观肌理（图 13）。

视觉上的存在　　　延续周边元素　　　视觉上的消隐

图 11

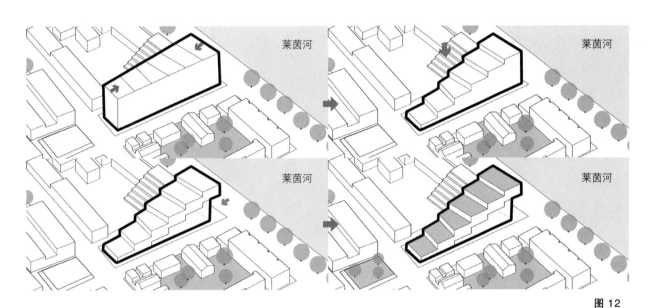

图 12

图 13

阶梯形的绿化屋顶使建筑与大地呈
现出交接的关系，视觉上弱化了建
筑的存在感（图14、图15）。建
筑的体量感消失，而公园的通透感
开始显现。

★划重点：

这叫作"建筑景观化"（图16）。

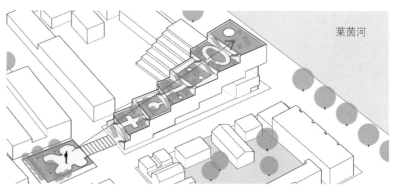

图 14

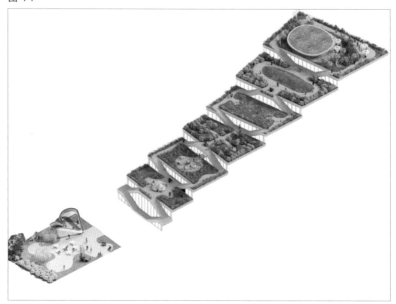

图 15

图 16

但如果设计止步于此，那所谓的建
筑景观化设计不过是个噱头，充其
量就算是一个屋顶花园而已。所以，
要想把真正的建筑景观化概念贯彻
下去，更重要的是第二步——空间
开放。

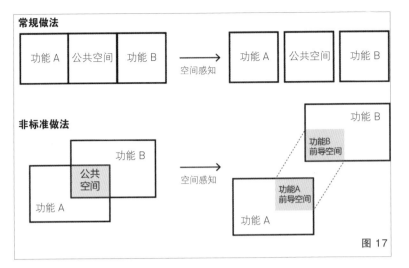

图 17

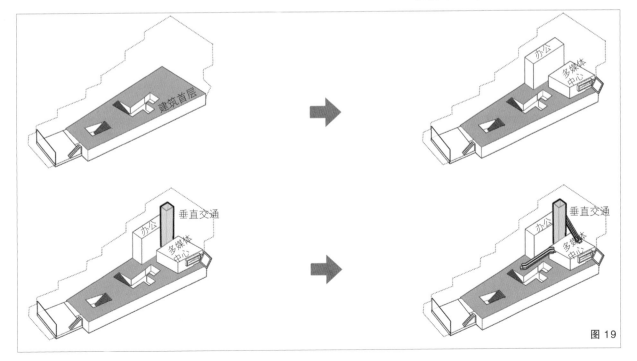

图 18

让空间开放，突出市民的存在感

为什么人们觉得公园是开放的？主要是因为公园里的空间都没有固定功能，人们可以随便走。拎着笼子遛鸟的老大爷在哪儿都能遛，还能随时看到跳广场舞的老阿姨。但建筑空间一般都会有特定的功能，不可能打开全部围合让人随便走，更不可能让人们想干什么就干什么。

怎么办？NL 建筑事务所的做法是在功能空间前做一个"假"空间，让大家以为可以随便溜达，想干什么就干什么。而这个做法能成立的基础就是——完形心理（图 17）。在博物馆和电影院两个功能块中，加入一个开放的室内艺术广场——既是博物馆的门厅，也是电影院的前厅（图 18），然后再加入交通空间（图 19）。

图 19

在室内艺术广场，人们可以去往下沉广场看电影，或者拾级而上看展览，又或者在咖啡厅享受莱茵河美景。没有复杂的层级关系，功能块怎样组合全都展示得明明白白，而且，面向莱茵河面的楔形空间充分

尊重了河面的景观（图 20 ）。你可能感觉不到博物馆或者电影院的具体边界在哪里，但你能感受到人群里自由轻松的气氛（图 21、图 22 ）。共用的艺术广场对外部完全开放（图 23、图 24 ）。

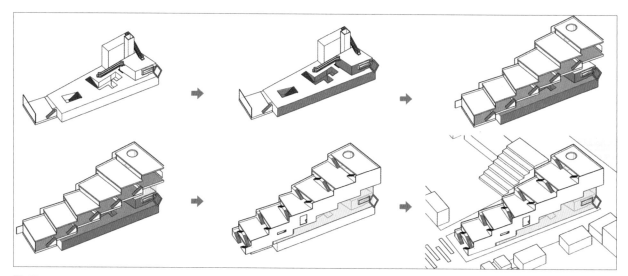

图 20

图 21

图 22　从博物馆门厅看向电影院

图 23

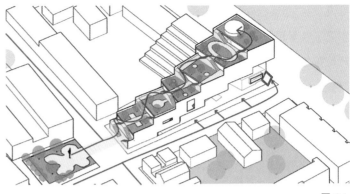

图 24

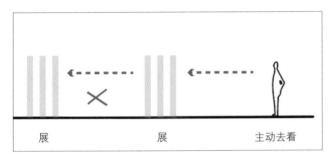

图 25

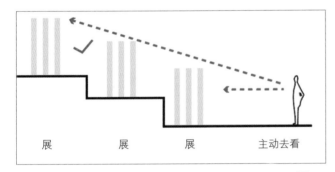

图 26

让空间通透，突出行为的存在感

展览空间似乎和通透没有什么关系，人们大都在封闭的环境里欣赏展品。大多数的展览空间中，各个展览都在同一层级上，人们看完一个展览再去看下一个（图 25），但 NL 建筑事务所不想让人们只是单纯地去看展品，而是在看展品的同时也看到其他人的行为——与展品互动的同时也与人互动（图 26）。在空间中，"展"和"人"的关系不是封闭的、一对一的，而是多向的、一对多的。由于从众心理，很多事你自己可能不会做，但看见别人做了，也会跟着去做，比如，各种花样自拍（图 27、图 28）。也就是说，整座博物馆变成了一个以展品为背景的社交场所，人们关注的不再只是眼前的展品，还有其他人的行为。

图 27

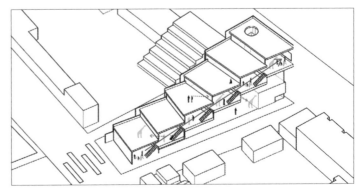

图 28

虽说北向采光、展品运送这些问题
已经不算问题了，毕竟只要钱到位，
没有技术解决不了的问题，但是用
建筑手法解决依然是我们追求的目
标（图 29）。

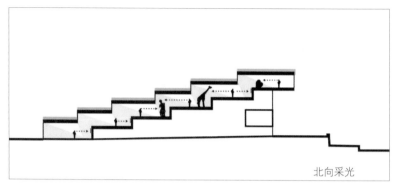

图 29

1. 展品运送

为了保证首层空间最大限度地开放
和通透，连展品运送也选择了从屋
顶直接吊入（图 30）。

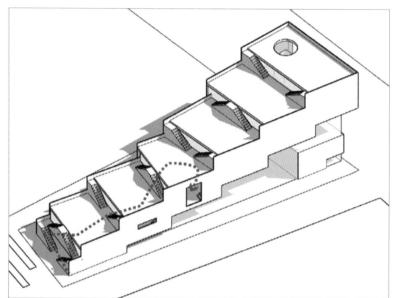

图 30

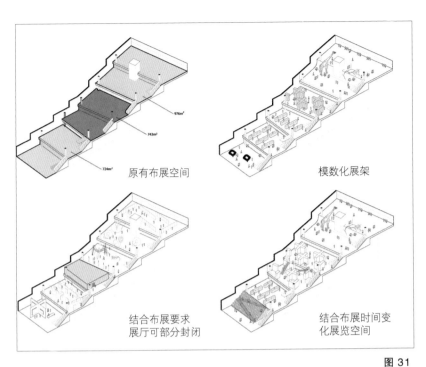

图 31

2. 布展（图 31）

最后再看一遍全部过程（图 32）。

总结：

如何在国际竞赛中战胜 BIG 建筑事务所？

（1）擅自改变项目用地，弄懵他。

（2）玩消失，吓唬他。

（3）树立低调、透明、没有存在感的形象，麻痹他。

彩蛋

本案例是《非标准的建筑拆解书（思维转换篇）》任务书 A 的方案，你赢过大师了吗？

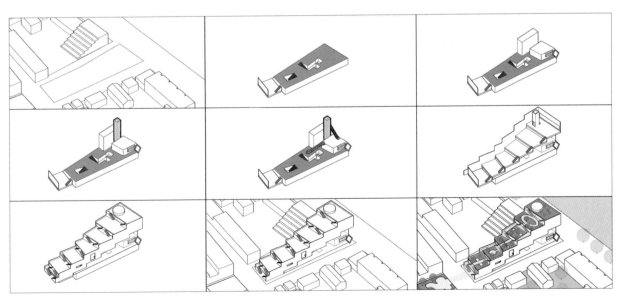

图 32

建筑师，一年总有 365 天
想抢规划师的饭碗

独角兽岛规划项目——大都会（OMA）建筑事务所

位置：中国·成都

标签：规划，图底

分类：规划

面积：约 1 450 000m²

图片来源：

图 1、图 7、图 19 ~ 图 24 来源于 http://oma.eu，图 18 来源于 http://www.archiposition.com，

其余分析图为非标准建筑工作室自绘。

建筑专业羡慕城市规划专业也不是一天两天了，都说幸福感来自你的邻居，但作为建筑师，规划师这个邻居真的让我觉得很不幸福。我在这边被平立剖、模型、结构、水暖、电轮番"轰炸"，而你在那边用一张总图就包打天下，墙上挂挂，红线画画，我就被指挥得团团乱转。

这也就算了，毕竟术业有专攻。但最让建筑师眼红的是，自己一平方米一平方米地做方案，碰到个上万平方米的项目就像捡到钱包一样，要是有个几十万平方米的，那至少能解决三年的温饱问题。再看看人家隔壁的规划师，日常使用的单位是公顷，"小名"平方百米，1 公顷等于 10 000 平方米！而且人家起步至少几十公顷。

如果建筑师干了一个规划师的活儿，那不叫抢饭碗，而叫转行。抢饭碗是指你干的还是建筑的活儿，但尺度却是规划尺度。比如，跨界抢饭碗的优秀代表库哈斯，最近又带领着大都会（OMA）建筑事务所入围前四名了，但这次的项目不是一座建筑，而是一座岛！准确地说，是像一座岛一样大的建筑（图1）。独角兽岛位于四川成都天府新区，全岛约61.7hm²，天府新区是国家级新区，旨在针对新经济企业打造创新型经济聚集区及独角兽成长地（图2、图3）。

图1

基地

图2

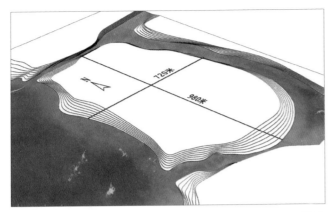

图 3

既然是规划项目，理论上就应该按照规划的套路来做设计。

第一步：画路网（图 4）

第二步：摆建筑（图 5）

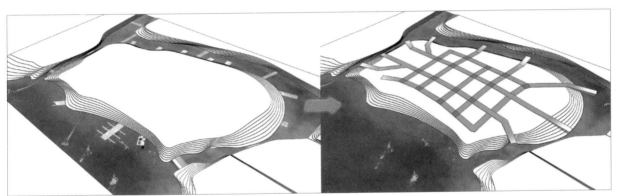

图 4

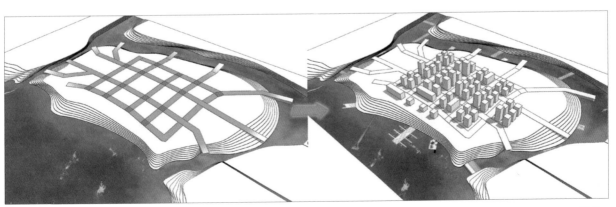

图 5

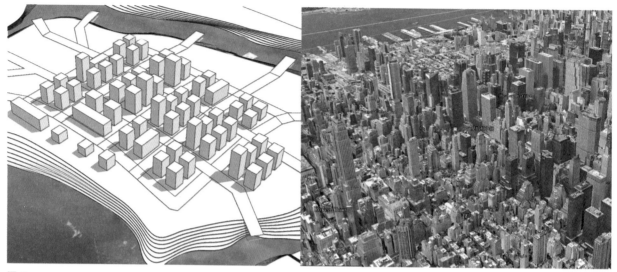

图 6

至此，一切都很正常，接下来就该进行重点建筑的概念设计了。大都会（OMA）建筑事务所的所有人都在按部就班地进行着自己的工作，除了一个人。

库哈斯越看越不对：这玩意儿怎么越来越像我当年疯狂吐槽过的纽约了？这样下去根本不可能赢过那帮搞规划的啊（图6）！

于是，一个新"剧本"诞生了，都市生活剧忽然就变成了科幻传奇剧。

反转：

在"抢饭碗"的边缘疯狂试探（图7）。

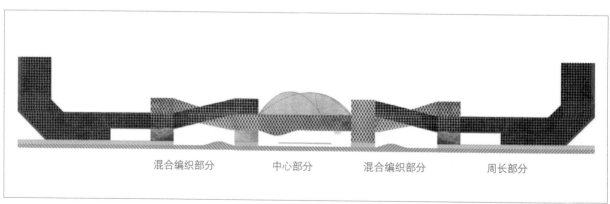

混合编织部分　　　中心部分　　　混合编织部分　　　周长部分

图 7

在建筑设计中，两种空间可以相互转化，互为图底关系。在城市规划中，建筑与道路也可以互为图底，但从来没见过哪个规划师敢把两者互换一下。但库哈斯这次是来"抢饭碗"的，你们规划师不敢，我敢（图8）。在这个方案中，常见的道路肌理反转成了建筑肌理，而常见的建筑组团则成了室外庭院。这样做的优势在于缓解了道路阻断建筑间交流的问题，从而让建筑之间的联系变得更紧密（图9）。

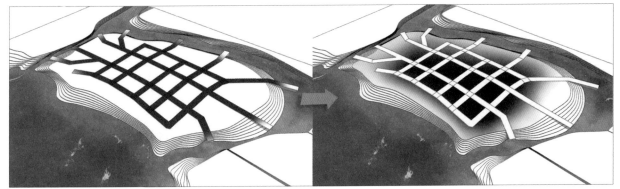

图 8

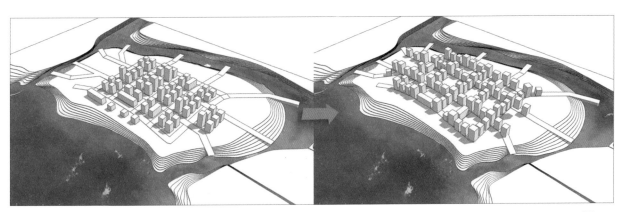

图 9

但问题马上就来了，反转之后的建筑怎么越看越别扭呢（图10）？

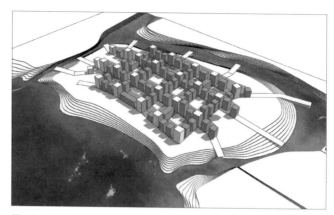

图10

问题一：建筑间距

首先，建筑间距过窄，消防、日照、交通统统有问题。但如果将建筑间距拉大，那又何必反转呢？所以，解决建筑间距的最好方法就是消除间距。于是，库哈斯把它们连成了一座建筑（图11）。

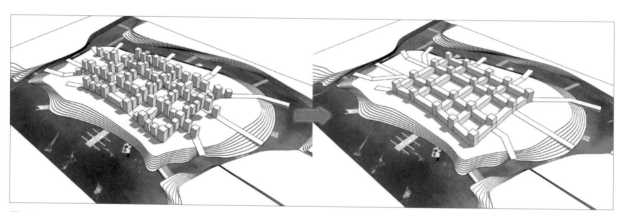

图11

问题二：城市交通

连成一体看似解决了好多问题，却带来一个更大的问题——交通（图12）。怎么走车呢？在建筑上再开个洞吗？那要开多少个洞啊。大都会（OMA）建筑事务所给出的答案——架空（图13），然后设计出新的路网（图14、图15）。

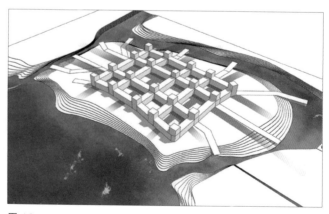

图12

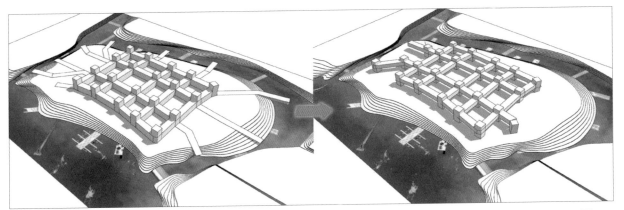

图 13

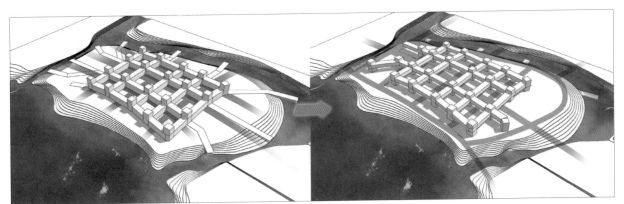

图 14

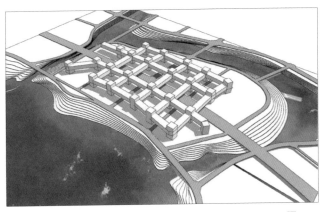

图 15

问题三：空间交流

要知道，大都会（OMA）建筑事务所给这个方案提出的设计概念就是"拒绝孤立生长的空间，营造促进交流的空间"。现在，横向建筑体量虽然将每个独立的高层联系了起来，但所有交流空间都在同一水平上，交流的范围依然很有局限性。

那怎样进一步扩大交流范围呢？设计师想到了另一个策略——编织（图16）。

在编织的基础上，根据功能需求加减其他建筑体量，再加上同一肌理的景观设计。至此，"抢饭碗"计划大功告成（图17、图18）！

用建筑手法做规划听着确实很励志，但抢别人饭碗这事儿真的这么简单吗？显然不可能。

首先要解决的问题是结构与室外交通之间的冲突。虽然建筑形体上设计了诸多跨度极大的架空，但事实上，倘若真的采用大跨

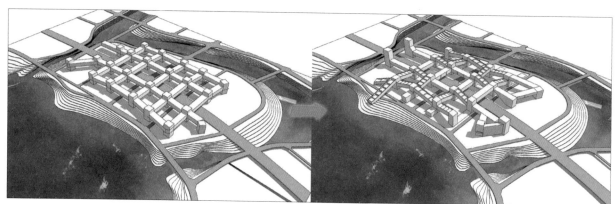

图 16

图 17

图 18

度结构，成本将相当高。但如果采用落地柱，又如何保证落地柱不会妨碍室外交通路网呢（图19）？

从图20可知，在没有道路经过的区域，建筑采取的确实是落地柱，而在有道路经过的区域，采用的是大跨度结构进行局部架空。所以，大都会（OMA）建筑事务所的解决方案就是"具体问题具体处理"，没有笼统地一刀切。

解决了室外，还有室内呢。尤其是为了塑造编织的形体，建筑的大部分楼板都做了切割，那么消防疏散、垂直交通以及与每层平面的连通就都成了问题（图21）。

图 19

图 20

图 21

大都会（OMA）建筑事务所给出的解决方法其实很简单，就是让倾斜的线性体块进行搭接，形成贯通的节点，借助节点沟通各层。另外，消防疏散的距离，也将是模数化设计里重要的数字依据（图22）。

当然，节点可不仅仅是垂直交通这么简单。既然流线在此处汇聚，自然人们也就会在这里相遇。因此，设计师将这些节点设计成岛上重要的公共交流空间，每个节点都有独特的空间结构与功能业态——我们基本可以认为这些节点就是岛上的购物中心（图23）。

虽然库哈斯成功入围了前四名，但规划专业的同学们显然不能接受，于是开启了疯狂吐槽模式。那么我们就来看看，这个方案有哪些"槽点"。

"槽点"一：消防隐患

虽然库哈斯创造了一堆概念，如编织、生长……但我们一眼就看出这是赤壁之战里铁索连船的建筑版——这种尺度的建筑全部连为一

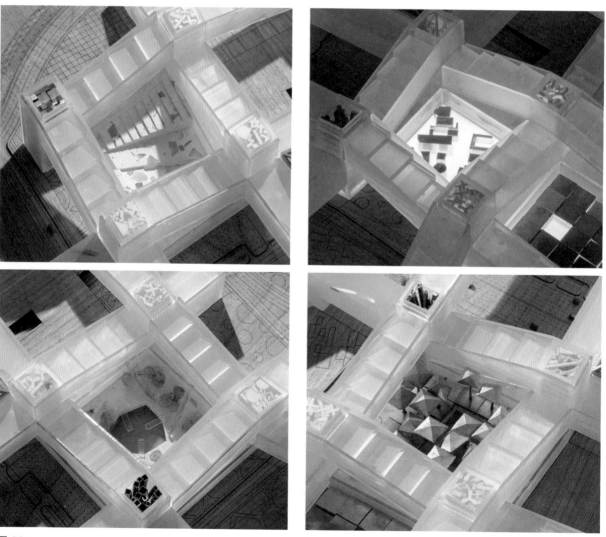

图22

体，消防将成为相当棘手的问题，而大都会（OMA）建筑事务所并没给出有说服力的解决方案。

"槽点"二：迷路

整座岛上就一座建筑，这座建筑里面的空间还都长一个样，说得好听叫空间均质化，消除阶级差异，但是，你们真的不怕迷路吗？

"槽点"三：造价

城市建设都是分期实现的，现在做了这么一个"巨无霸"，是不是要一次性投入建设完成？这有点承受不起啊（图 24）。

"吐槽"归"吐槽"，但还是挺佩服库哈斯的，想当年他一穷二白时就能从新闻界"杀"到建筑界，现

在兵强马壮了，抢一下隔壁规划专业的饭碗实在不算什么。毕加索有言："好的艺术家模仿皮毛，伟大的艺术家窃取灵魂。"

要知道，能抢走的不是饭碗，能抢回来，才是成长。

流线塔　　　运动塔　　　教育塔　　　休闲塔

图 23

图 24

彩蛋

本案例是《非标准的建筑拆解书》（思维转换篇）任务书 B 的方案，你觉得怎么样？

索 引

敬告图片版权所有者

为保证《非标准的建筑拆解书（方案推演篇）》的图书质量，作者在编写过程中，与收入本书的图片版权所有者进行了广泛的联系，得到了各位图片版权所有者的大力支持，在此，我们表示衷心的感谢。但是，由于一些图片版权所有者的姓名和联系方式不详，我们无法与之取得联系。敬请上述图片版权所有者与我们联系（请附相关版权所有证明）。

电话：024-31314547

邮箱：gw@shbbt.com